中外哲學典籍大全

總主編 李鐵映 王偉光

中國哲學典籍卷

經部孝經類

孝經鄭氏注箋釋

曹元弼 著
宮志翀 點校

中国社会科学出版社

圖書在版編目（CIP）數據

孝經鄭氏注箋釋／宮志翀點校．—北京：中國社會科學出版社，2020.9
（中外哲學典籍大全．中國哲學典籍卷）
ISBN 978－7－5203－5612－1

Ⅰ.①孝…　Ⅱ.①宮…　Ⅲ.①家庭道德—中國—古代②《孝經》—注釋
Ⅳ.①B823.1

中國版本圖書館 CIP 數據核字（2019）第 255911 號

出 版 人　趙劍英
項目統籌　王　茵
責任編輯　宋燕鵬
責任校對　鄭　彤
責任印製　王　超

出　　版　中国社会科学出版社
社　　址　北京鼓樓西大街甲 158 號
郵　　編　100720
網　　址　http://www.csspw.cn
發 行 部　010－84083685
門 市 部　010－84029450
經　　銷　新華書店及其他書店

印　　刷　北京君昇印刷有限公司
裝　　訂　廊坊市廣陽區廣增裝訂廠
版　　次　2020 年 9 月第 1 版
印　　次　2020 年 9 月第 1 次印刷

開　　本　710×1000　1/16
印　　張　16.25
字　　數　173 千字
定　　價　59.00 元

中外哲學典籍大全

「中國哲學典籍卷」

學術委員會

主　任　陳　來　趙汀陽　謝地坤　李存山　王　博

委　員（按姓氏拼音排序）

白　奚　陳壁生　陳　静　陳立勝　陳少明　陳衛平　陳　霞　丁四新　馮顏利
于春松　郭齊勇　郭曉東　景海峰　李景林　李四龍　劉成有　劉　豐　王中江
王立勝　吴　飛　吴根友　吴　震　向世陵　楊國榮　楊立華　張學智　張志强
鄭　開

項目負責人　張志强

提要撰稿主持人　劉　豐　趙金剛

提要英譯主持人　陳　霞

中外哲學典籍大全

總序

中外哲學典籍大全的編纂，是一項既有時代價值又有歷史意義的重大工程。

中華民族經過了近一百八十年的艱苦奮鬥，迎來了中國近代以來最好的發展時期，迎來了奮力實現中華民族偉大復興的時期。中華民族衹有總結古今中外的一切思想成就，才能並肩世界歷史發展的大勢。爲此，我們須編纂一部匯集中外古今哲學典籍的經典集成，爲中華民族的偉大復興、爲人類命運共同體的建設、爲人類社會的進步，提供哲學思想的精粹。

哲學是思想的花朵，文明的靈魂，精神的王冠。一個國家、民族，要興旺發達，擁有光明的未來，就必須擁有精深的理論思維，擁有自己的哲學。哲學是推動社會變革和發展的理論力量，是激發人的精神砥石。哲學解放思維，净化心靈，照亮前行的道路。偉大的時代需要精邃的哲學。

一　哲學是智慧之學

哲學是什麽？這既是一個古老的問題，又是哲學永恒的話題。追問哲學是什麽，本身就是「哲學」問題。從哲學成爲思維的那一天起，哲學家們就在不停追問中發展、豐富哲學的篇章，給出一個又一個答案。每個時代的哲學家對這個問題都有自己的詮釋。哲學是什麽，是懸疑在人類智慧面前的永恒之問，這正是哲學之爲哲學的基本特點。

哲學是全部世界的觀念形態，精神本質。人類面臨的共同問題，是哲學研究的根本對象。本體論、認識論、世界觀、人生觀、價值觀、實踐論、方法論等，仍是哲學的基本問題和生命力所在！哲學研究的是世界萬物的根本性、本質性問題。人們可以給哲學做出許多具體定義，但我們可以嘗試用「遮詮」的方式描述哲學的一些特點，從而使人們加深對何爲哲學的認識。

哲學不是玄虛之觀。哲學來自人類實踐，關乎人生。哲學對現實存在的一切追根究底、「打破砂鍋問到底」。它不僅是問「是什麽」（being），而且主要是追問「爲什麽」（why），特别是追問「爲什麽的爲什麽」。它關注整個宇宙，關注整個人類的命運，關注人生。它關心柴米油鹽醬醋茶和人的生命的關係，關心人工智能對人類社會的挑戰。哲學是對一切實踐經驗的理論升華，它關心具體現象背後的根據，關心人類如何會更好。

哲學是在根本層面上追問自然、社會和人本身，以徹底的態度反思已有的觀念和認識，從價值理想出發把握生活的目標和歷史的趨勢，展示了人類理性思維的高度，凝結了民族進步的智慧，寄託了人們熱愛光明、追求真善美的情懷。道不遠人，人能弘道。哲學是把握世界、洞悉未來的學問，是思想解放、自由的大門！

古希臘的哲學家們被稱爲「望天者」，亞里士多德在《形而上學》一书中説，「最初人們通過好奇—驚讚來做哲學」。如果説知識源於好奇的話，那麽産生哲學的好奇心，必須是大好奇心。這種「大好奇心」祇爲一件「大事因緣」而來，所謂大事，就是天地之間一切事物的「爲什麽」。哲學精神，是「家事、國事、天下事，事事要問」，是一種永遠追問的精神。

哲學不衹是思維。哲學將思維本身作爲自己的研究對象，對思想本身進行反思。哲學不是一般的知識體系，而是把知識概念作爲研究的對象，追問「什麽才是知識的真正來源和根據」。哲學的「非對象性」的思想方式，不是「純形式」的推論原則，而有其「非對象性」之對象。哲學之對象乃是不斷追求真理，是一個理論與實踐兼而有之的過程，是認識的精粹。哲學追求真理的過程本身就顯現了哲學的本質。天地之浩瀚，變化之奥妙，正是哲思的玄妙之處。

哲學不是宣示絶對性的教義教條，哲學反對一切形式的絶對。哲學解放束縛，意味著從一切思想教條中解放人類自身。哲學給了我們徹底反思過去的思想自由，給了我們深刻洞察未來的思想能力。哲學就是解放之學，是聖火和利劍。

哲學不是一般的知識。哲學追求「大智慧」。佛教講「轉識成智」，識與智相當於知識與哲學的關係。一般知識是依據於具體認識對象而來的、有所依有所待的「識」，而哲學則是超越於具體對象之上的「智」。

公元前六世紀，中國的老子說，「大方無隅，大器晚成，大音希聲，大象無形，道隱無名。夫唯道，善貸且成」。又說，「反者道之動，弱者道之用。天下萬物生於有，有生於無」。對道的追求就是對有之爲有、無形無名的探究，就是對天地何以如此的探究。這種追求，使得哲學具有了天地之大用，具有了超越有形有名之有限經驗的大智慧。這種大智慧、大用途，超越一切限制的籬笆，達到趨向無限的解放能力。

哲學不是經驗科學，但又與經驗有聯繫。哲學從其作爲學問誕生起，就包含於科學形態之中，是以科學形態出現的。哲學是以理性的方式、概念的方式、論证的方式來思考宇宙人生的根本問題。在亞里士多德那裏，凡是研究實體（ousia）的學問，都叫作「哲學」。而「第一實體」則是存在者中的「第一個」。研究第一實體的學問稱爲「神學」，也就是「形而上學」，這正是後世所謂「哲學」。一般意義上的科學正是從「哲學」最初的意義上贏得自己最原初的規定性的。哲學雖然不是經驗科學，却爲科學劃定了意義的範圍、指明了方向。哲學最後必定指向宇宙人生的根本問題，大科學家的工作在深層意義上總是具有哲學的意味，牛頓和愛因斯坦就是這樣的典範。

哲學不是自然科學，也不是文學藝術，但在自然科學的前頭，哲學的道路展現了；在文學藝術的山頂，哲學的天梯出現了。哲學不斷地激發人的探索和創造精神，使人在認識世界的過程中，不斷達到新境界，在改造世界中從必然王國到達自由王國。

哲學不斷從最根本的問題再次出發。哲學史在一定意義上就是不斷重構新的世界觀、認識人類自身的歷史。哲學的歷史呈現，正是對哲學的創造本性的最好説明。哲學史上每一位哲學家對根本問題的思考，都在爲哲學添加新思維、新向度，猶如爲天籟山上不斷增添一隻隻黄鸝翠鳥。

如果説哲學是哲學史的連續展現中所具有的統一性特徵，那麽這種「一」是在「多」個哲學的創造中實現的。如果説每一種哲學體系都追求一種體系性的「一」的話，那麽每種「一」的體系之間都存在着千絲相聯、多方組合的關係。這正是哲學史昭示於我們的哲學多樣性的意義。多樣性與統一性的依存關係，正是哲學尋求現象與本質、具體與普遍相統一的辯證之意義。

哲學的追求是人類精神的自然趨向，是精神自由的花朵。哲學是思想的自由，是自由的思想。

中國哲學，是中華民族五千年文明傳統中，最爲内在的、最爲深刻的、最爲持久的精神追求和價值觀表達。中國哲學已經化爲中國人的思維方式、生活態度、道德準則、人生追求、精神境界。中國人的科學技術、倫理道德，小家大國、中醫藥學、詩歌文學、繪畫書法、武術拳法、鄉規民俗，乃至日常生活也都浸潤着中國哲學的精神。華夏文化雖歷經磨難而能够透魄醒神，堅韌屹立，正是來自於中國哲學深邃的思維和創造力。

先秦時代，老子、孔子、莊子、孫子、韓非子等諸子之間的百家争鳴，就是哲學精神在中國的展現，是中國人思想解放的第一次大爆發。兩漢四百多年的思想和制度，是諸子百家思想在争鳴過程中大整合的結果。魏晋之際，玄學的發生，則是儒道冲破各自藩籬，彼此互動互補的結果，形成了儒家獨尊的態勢。隋唐三百年，佛教深入中國文化，又一次帶來了思想的大融合和大解放，禪宗的形成就是這一融合和解放的結果。兩宋三百多年，中國哲學迎來了第三次大解放。儒釋道三教之間的互潤互持日趨深入，朱熹的理學和陸象山的心學，就是這一思想潮流的哲學結品。

與古希臘哲學强調沉思和理論建構不同，中國哲學的旨趣在於實踐人文關懷，它更關注實踐的義理性意義。中國哲學當中，知與行從未分離，中國哲學有着深厚的實踐觀點和生活觀點，倫理道德觀是中國人的貢獻。馬克思説，「全部社會生活在本質上是實踐的」，實踐的觀點、生活的觀點也正是馬克思主義認識論的基本觀點。這種哲學上的契合性，正是馬克思主義能够在中國扎根並不斷中國化的哲學原因。

「實事求是」是中國的一句古話。今天已成爲深遂的哲理，成爲中國人的思維方式和行爲基準。實事求是就是解放思想，解放思想就是實事求是。實事求是毛澤東思想的精髓，是改革開放的基石。只有解放思想才能實事求是。實事求是就是中國人始終堅持的哲學思想。實事求是就是依靠自己，走自己的道路，反對一切絶對觀念。所謂中國化就是一切從中國實際出發，一切理論必須符合中國實際。

二 哲學的多樣性

實踐是人的存在形式，是哲學之母。實踐是思維的動力、源泉、價值、標準。人們認識世界、探索規律的根本目的是改造世界，完善自己。哲學問題的提出和回答，都離不開實踐。馬克思有句名言：「哲學家們只是用不同的方式解釋世界，而問題在於改變世界！」理論只有成爲人的精神智慧，才能成爲改變世界的力量。

哲學關心人類命運。時代的哲學，必定關心時代的命運。對時代命運的關心就是對人類實踐和命運的關心。人在實踐中產生的一切都具有現實性。哲學的實踐性必定帶來哲學的現實性。哲學的現實性就是强調人在不斷回答實踐中各種問題時應該具有的態度。

哲學作爲一門科學是現實的。哲學是一門回答並解釋現實的學問，哲學是人們聯繫實際、面對現實的思想。可以説哲學是現實的最本質的理論，也是本質的最現實的理論。哲學始終追問現實的發展和變化。哲學存在於實踐中，也必定在現實中發展。哲學的現實性要求我們直面實踐本身。

哲學不是簡單跟在實踐後面，成爲當下實踐的「奴僕」，而是以特有的深邃方式，關注着實踐的發展，提升人的實踐水平，爲社會實踐提供理論支撑。從直接的、急功近利的要求出發來理解和從事哲學，無異於向哲學提出它本身不可能完成的任務。哲學是深沉的反思，厚重的智慧，事物的抽象，理論的把握。哲學是人類把握世界最深邃的理論思維。

哲學是立足人的學問，是人用於理解世界、把握世界、改造世界的智慧之學。「民之所好，好之，民之所惡，惡之。」哲學的目的是爲了人。用哲學理解外在的世界，理解人本身，也是爲了用哲學改造世界、改造人。哲學研究無禁區，無終無界，與宇宙同在，與人類同在。

存在是多樣的，發展是多樣的，這是客觀世界的必然。宇宙萬物本身是多樣的存在，多樣的變化。歷史表明，每一民族的文化都有其獨特的價值。文化的多樣性是自然律，是動力，是生命力。各民族文化之間的相互借鑒，補充浸染，共同推動著人類社會的發展和繁榮，這是規律。對象的多樣性、複雜性，決定了哲學的多樣性；即使對同一事物，人們也會産生不同的哲學認識，形成不同的哲學派别。哲學觀點、思潮、流派及其表現形式上的區别，來自於哲學的時代性、地域性和民族性的差异。世界哲學是不同民族的哲學的薈萃，如中國哲學、西方哲學、阿拉伯哲學等。多樣性構成了世界，百花齊放形成了花園。不同的民族會有不同風格的哲學。恰恰是哲學的民族性，使不同的哲學都可以在世界舞臺上演繹出各種「戲劇」。即使有類似的哲學觀點，在實踐中的表達和運用也會各有特色。

人類的實踐是多方面的，具有多樣性、發展性，大體可以分爲：改造自然界的實踐，改造人類社會的實踐，完善人本身的實踐，提升人的精神世界的精神活動。人是實踐中的人，實踐是人的生命的第一屬性。實踐的社會性决定了哲學的社會性，哲學不是脱離社會現實生活的某種遐想，而是社會現實生活的觀念形態，是文明進步的重要標誌，是人的發展水平的重要維度。哲學的發展狀况，反映着一個社會人的理性成熟程度，反映著這個社會的文明程度。

哲學史實質上是自然史、社會史、人的發展史和人類思維史的總結和概括。自然界是多樣的，社會是多樣的，人類思維是多樣的。所謂哲學的多樣性，就是哲學基本觀念、理論學説、方法的異同，是哲學思維方式上的多姿多彩。哲學的多樣性是哲學的常態，是哲學進步、發展和繁榮的標誌。哲學是人的哲學，哲學是人對事物的自覺，是人對外界和自我認識的學問，也是人把握世界和自我的學問。哲學的多樣性，是哲學的常態和必然，是哲學發展和繁榮的内在動力。一般是普遍性，特色也是普遍性。從單一性到多樣性，從簡單性到複雜性，是哲學思維的一大變革。用一種哲學話語和方法否定另一種哲學話語和方法，這本身就不是哲學的態度。

多樣性並不否定共同性、統一性、普遍性。物質和精神，存在和意識，一切事物都是在運動、變化中的，是哲學的基本問題，也是我們的基本哲學觀點！

當今的世界如此紛繁複雜，哲學多樣性就是世界多樣性的反映。哲學是以觀念形態表現出的現實世界。哲學的多樣性，就是文明多樣性和人類歷史發展多樣性的表達。多樣性是宇宙之道。

哲學的實踐性、多樣性，還體現在哲學的時代性上。哲學總是特定時代精神的精華，是一定歷史條件下人的反思活動的理論形態。在不同的時代，哲學具有不同的内容和形式，哲學的多樣性，也是歷史時代多樣性的表達。哲學的多樣性也會讓我們能够更科學地理解不同歷史時代，更爲内在地理解歷史發展的道理。多樣性是歷史之道。

哲學之所以能發揮解放思想的作用，在於它始終關注實踐，關注現實的發展；在於它始終關注著科學技術的進步。哲學本身没有絶對空間，没有自在的世界，只能是客觀世界的映象，觀念形態。没有了現實性，哲學就遠離人，就離開了存在。哲學的實踐性，説到底是在説明哲學本質上是人的哲學，是人的思維，是爲了人的科學！哲學的實踐性、多樣性告訴我們，哲學必須百花齊放、百家争鳴。哲學的發展首先要解放自己，解放哲學，就是實現思維、觀念及範式的變革。人類發展也必須多途並進，交流互鑒，共同繁榮。采百花之粉，才能釀天下之蜜。

三　哲學與當代中國

中國自古以來就有思辨的傳統，中國思想史上的百家争鳴就是哲學繁榮的史象。哲學是歷史發展的號角。中國思想文化的每一次大躍升，都是哲學解放的結果。中國古代賢哲的思想傳承至今，他們的智慧已浸入中國人的精神境界和生命情懷。

中國共産黨人歷來重視哲學，毛澤東在一九三八年，在抗日戰争最困難的條件下，在延安研究哲學，創作了實踐論和矛盾論，推動了中國革命的思想解放，成爲中國人民的精神力量。

中華民族的偉大復興必將迎來中國哲學的新發展。當代中國必須有自己的哲學，當代中國的哲學必須要從根本上講清楚中國道路的哲學道理。中華民族的偉大復興必須要有哲學的思維，必須要有不斷深入的反思。發展的道路，就是哲思的道路，文化的自信，就是哲學思維的自信。哲學是引領者，可謂永恒的「北斗」，哲學是時代的「火焰」，是時代最精緻最深刻的「光芒」。從社會變革的意義上説，任何一次巨大的社會變革，總是以理論思維爲先導。理論的變革，總是以思想觀念的空前解放爲前提，而「吹響」人類思想解放第一聲「號角」的，往往就是代表時代精神精華的哲學。社會實踐對於哲學的需求可謂「迫不及待」，因爲哲學總是「吹響」這個新時代的「號角」。「吹響」中國改革開放之

「號角」的，正是「解放思想」「實踐是檢驗真理的唯一標準」「不改革死路一條」等哲學觀念。「吹響」新時代「號角」的是「中國夢」，「人民對美好生活的向往，就是我們奮鬥的目標」。發展是人類社會永恒的動力，變革是社會解放的永遠的課題，思想解放，解放思想是無盡的哲思。中國正走在理論和實踐的雙重探索之路上，搞探索没有哲學不成！

中國哲學的新發展，必須反映中國與世界最新的實踐成果，必須反映科學的最新成果，必須具有走向未來的思想力量。今天的中國人所面臨的歷史時代，是史無前例的。十三億人齊步邁向現代化，這是怎樣的一幅歷史畫卷！是何等壯麗、令人震撼！不僅中國歷史上亘古未有，在世界歷史上也從未有過。當今中國需要的哲學，是結合天道、地理、人德的哲學，是整合古今中西的哲學，只有這樣的哲學才是中華民族偉大復興的哲學。

當今中國需要的哲學，必須是適合中國的哲學。無論古今中外，再好的東西，也需要再吸收，再消化，必須要經過現代化和中國化，才能成爲今天中國自己的哲學。哲學是解放人的，哲學自身的發展也是一次思想解放，也是人的一个思維升華、羽化的過程。中國人的思想解放，總是隨著歷史不斷進行的。歷史有多長，思想解放的道路就有多長；發展進步是永恒的，思想解放也是永無止境的，思想解放就是哲學的解放。

習近平說，思想工作就是「引導人們更加全面客觀地認識當代中國、看待外部世界」。這就需要我們確立一種「知己知彼」的知識態度和理論立場，而哲學則是對文明價值核心最精練和最集中的深邃性表達，有助於我們認識中國、認識世界。立足中國、認識中國，需要我們審視我們走過的道路，立足中國、認識世界，需要我們觀察和借鑒世界歷史上的不同文化。中國「獨特的文化傳統」、中國「獨特的歷史命運」、中國「獨特的基本國情」，「決定了我們必然要走適合自己特點的發展道路」。一切現實的，存在的社會制度，其形態都是具體的，都是特色的，都必須是符合本國實際的。抽象的制度，普世的制度是不存在的。同時，我們要全面客觀地「看待外部世界」。研究古今中外的哲學，是中國認識世界、認識人類史，認識自己未來發展的必修課。今天中國的發展不僅要讀中國書，還要讀世界書。不僅要學習自然科學、社會科學的經典，更要學習哲學的經典。當前，中國正走在實現「中國夢」的「長征」路上，這也正是一條思想不斷解放的道路！要回答中國的問題，解釋中國的發展，首先需要哲學思維本身的解放。哲學的發展，就是哲學的解放，這是由哲學的實踐性、時代性所決定的。哲學無禁區、無疆界。哲學是關乎宇宙之精神，是關乎人類之思想。哲學將與宇宙、人類同在。

四　哲學典籍

中外哲學典籍大全的編纂，是要讓中國人能研究中外哲學經典，吸收人類精神思想的精華；是要提升我們的思維，讓中國人的思想更加理性、更加科學、更加智慧。

中國有盛世修典的傳統。中國古代有多部典籍類書（如「永樂大典」「四庫全書」等），在新時代編纂中外哲學典籍大全，是我們的歷史使命，是民族復興的重大思想工程。

只有學習和借鑒人類精神思想的成就，才能實現我們自己的發展，走向未來。中外哲學典籍大全的編纂，就是在思維層面上，在智慧境界中，繼承自己的精神文明，學習世界優秀文化。這是我們的必修課。

不同文化之間的交流、合作和友誼，必須達到哲學層面上的相互認同和借鑒。哲學之間的對話和傾聽，才是從心到心的交流。中外哲學典籍大全的編纂，就是在搭建心心相通的橋樑。

我們編纂這套哲學典籍大全，一是中國哲學，整理中國歷史上的思想典籍，濃縮中國思想史上的精華；二是外國哲學，主要是西方哲學，吸收外來，借鑒人類發展的優秀哲學成果；三是馬克思主義哲學，展示馬克思主義哲學中國化的成就；四是中國近現代以來的哲學成果，特別是馬克思主義在中國的發展。

編纂這部典籍大全，是哲學界早有的心願，也是哲學界的一份奉獻。中外哲學典籍大全總結的是書本上的思想，是先哲們的思維，是前人的足迹。我們希望把它們奉獻給後來人，使他們能够站在前人肩膀上，站在歷史岸邊看待自己。

中外哲學典籍大全的編纂，是以「知以藏往」的方式實現「神以知來」；中外哲學典籍大全的編纂，是通過對中外哲學歷史的「原始反終」，從人類共同面臨的根本大問題出發，在哲學生生不息的道路上，綵繪出人類文明進步的盛德大業！

發展的中國，既是一個政治、經濟大國，也是一個文化大國，也必將是一個哲學大國、思想王國。人類的精神文明成果是不分國界的，哲學的邊界是實踐，實踐的永恒性是哲學的永續綫性，打開胸懷擁抱人類文明成就，是一個民族和國家自强自立，始終佇立於人類文明潮頭的根本條件。

擁抱世界，擁抱未來，走向復興，構建中國人的世界觀、人生觀、價值觀、方法論，這是中國人的視野、情懷，也是中國哲學家的願望！

李鐵映

二〇一八年八月

「中國哲學典籍卷」

序

中國古無「哲學」之名，但如近代的王國維所説，「哲學爲中國固有之學」。「哲學」的譯名出自日本啓蒙學者西周，他在一八七四年出版的百一新論中説：「將論明天道人道，兼立教法的philosophy譯名爲哲學。」自「哲學」譯名的成立，「philosophy」或「哲學」就已有了東西方文化交融互鑒的性質。

「philosophy」在古希臘文化中的本義是「愛智」，而「哲學」的「哲」在中國古經書中的字義就是「智」或「大智」。孔子在臨終時慨嘆而歌：「泰山壞乎！梁柱摧乎！哲人萎乎！」（史記孔子世家）「哲人」在中國古經書中釋爲「賢智之人」，而在「哲學」譯名輸入中國後即可稱爲「哲學家」。

哲學是智慧之學，是關於宇宙和人生之根本問題的學問。對此，中西或中外哲學是共同的，因而哲學具有世界人類文化的普遍性。但是，正如世界各民族文化既有世界的普遍性，也有民族的特殊性，所以世界各民族哲學也具有不同的風格和特色。如果説「哲學」是個「共名」或「類稱」，那麼世界各民族哲學就是此類中不同的「特例」。這是哲學的普遍性與多樣性的統一。

在中國哲學中，關於宇宙的根本道理稱爲「天道」，關於人生的根本道理稱爲「人道」，中國哲學的一個貫穿始終的核心問題就是「究天人之際」。一般説來，天人關係問題是中外哲學普遍探索的問題，而中國哲學的「究天人之際」具有自身的特點。

亞里士多德曾説：「古今來人們開始哲學探索，都應起於對自然萬物的驚異……這類學術研究的開始，都在人生的必需品以及使人快樂安適的種種事物幾乎全都獲得了以後。」「這些知識最先出現於人們開始有閒暇的地方。」這是説的古希臘哲學的一個特點，是與當時古希臘的社會歷史發展階段及其貴族階層的生活方式相聯繫的。與此不同，中國哲學是産生於士人在社會大變動中的憂患意識，爲了求得社會的治理和人生的安頓，他們大多「席不暇暖」地周遊列國，宣傳自己的社會主張。這就決定了中國哲學在「究天人之際」

中首重「知人」，在先秦「百家争鳴」中的各主要流派都是「務爲治者也，直所從言之異路，有省不省耳」（史記太史公自序）。

中國哲學與其他民族哲學所不同者，還在於中國數千年文化一直生生不息而未嘗中斷，中國文化在世界歷史的「軸心時期」所實現的哲學突破也是采取了極温和的方式。這主要表現在孔子的「祖述堯舜，憲章文武」，删述六經，對中國上古的文化既有連續性的繼承，又經編纂和詮釋而有哲學思想的突破。因此，由孔子及其後學所編纂和詮釋的上古經書就以「先王之政典」的形式不僅保存下來，而且在此後中國文化的發展中居於統率的地位。

據近期出土的文獻資料，先秦儒家在戰國時期已有對「六經」的排列，「六經」作爲一個著作群受到儒家的高度重視。至漢武帝「罷黜百家，表章六經」，遂使「六經」以及儒家的經學確立了由國家意識形態認可的統率地位。漢書藝文志著録圖書，爲首的是「六藝略」，其次是「諸子略」「詩賦略」「兵書略」「數術略」和「方技略」，這就體現了以「六經」統率諸子學和其他學術。這種圖書分類經幾次調整，到了隋書經籍志乃正式形成「經、史、子、集」的四部分類，此後保持穩定而延續至清。

中國傳統文化有「四部」的圖書分類，也有對「義理之學」「考據之學」「辭章之學」和「經世之學」等的劃分，其中「義理之學」雖然近於「哲學」但並不等同。中國傳統文化没有形成「哲學」以及近現代教育學科體制的分科，但是中國傳統文化確實固有其深邃的哲學思想，它表達了中華民族的世界觀、人生觀，體現了中華民族的思維方式、行爲準則，凝聚了中華民族最深沉、最持久的價值追求。

清代學者戴震説：「天人之道，經之大訓萃焉。」（原善卷上）經書和經學中講「天人之道」的「大訓」，就是中國傳統的哲學；不僅如此，在圖書分類的「子、史、集」中也有講「天人之道」的「大訓」，這些也是中國傳統的哲學。「究天人之際」的哲學主題是在中國文化上下幾千年的發展中，伴隨著歷史的進程而不斷深化、轉陳出新、持續探索的。

中國哲學首重「知人」，在天人關係中是以「知人」爲中心，以「安民」或「爲治」爲宗旨的。在記載中國上古文化的尚書皋陶謨中，就有了「知人則哲，能官人；安民則惠，黎民懷之」的表述。在論語中，「樊遲問仁，子曰：『愛人。』問知（智），子曰：『知人。』」（論語顔淵）「仁者愛人」是孔子思想中的最高道德範疇，其源頭可上溯到中國文化自上古以來就形成的崇尚道德的優秀傳統。孔子説：「未能事人，焉能事鬼？」「未知生，焉知死？」（論語先進）「務民之義，敬鬼神而遠之，可謂知矣。」（論語雍也）「智者知人」，在孔子的思想中雖然保留了對「天」和鬼神的敬畏，但他的主要關注點是現世的人生，是「仁者愛人」「天下有道」的價值取向，由此確立了中國哲學以「知人」爲中心的思想範式。西方現代哲學家雅斯貝爾斯在大哲學家一書中把蘇格拉底、佛陀、孔子和耶穌作爲「思想範式的創造者」，而孔子思想的特點就是「要在世間建立一種人道的秩序」，「在現世的可能性之中」，孔子「希望建立一個新世界」。

中國上古時期把「天」或「上帝」作爲最高的信仰對象，這種信仰也有其宗教的特殊性。如梁啓超所説：「各國之尊天者，常崇之於萬有之外，而中國則常納之於人事之中，此吾中華所特長也。……其尊天也，目的不在天國而在世界，受用不在未來（來世）而在現在（現世）。是故人倫亦稱天倫，人道亦稱天道。記曰：『善言天者必有驗於人。』此所以雖近於宗教，而與他國之宗教自殊科也。」由於中國上古文化所信仰的「天」不是存在於與人世生活相隔絕的「彼岸世界」，而是與地相聯繫（中庸所謂「郊社之禮，所以事上帝也」，朱熹中庸章句注：「郊，祀天；社，祭地。不言后土者，省文也。」），具有道德的、以民爲本的特點（尚書所謂「皇天無親，惟德是輔」，「天視自我民視，天聽自我民聽」，「民之所欲，天必從之」），所以這種特殊的宗教性也長期地影響著中國哲學對天人關係的認識。相傳「人更三聖，世經三古」的易經，其本爲卜筮之書，但經孔子「觀其德義而已」之後，則成爲講天人關係的哲理之書。四庫全书總目易類序說：「聖人覺世牖民，大抵因事以寓教……易則寓於卜筮。故易之爲書，推天道以明人事者也。」不僅易經是如此，而且以後中國哲學的普遍架構就是「推天道以明人事」。

春秋末期，與孔子同時而比他年長的老子，原創性地提出了「有物混成，先天地生」（老子二十五章），天地並非固有的，在天地產生之前有「道」存在，「道」是產生天地萬物的總根源和總根據。「道」內在於天地萬物之中就是「德」，「孔德之容，惟道是從」（老子二十一章），「道」與「德」是統一的。老子說：「道生之，德畜之，物形之，勢成之。是以萬物莫不尊道而貴德。道之尊，德之貴，夫莫之命而常自然。」（老子五十一章）老子的價值主張是「自然無爲」，而「自然無爲」的天道根據就是「道生之，德畜之……是以萬物莫不尊道而貴德」。老子所講的「德」實即相當於「性」，孔子所罕言的「性與天道」，在老子哲學中就是講「道」與「德」的形而上學。實際上，老子哲學確立了中國哲學「性與天道合一」的思想，而他從「道」與「德」推出「自然無爲」的價值主張，這就成爲以後中國哲學「推天道以明人事」普遍架構的一個典範。雅斯貝爾斯在大哲學家一書中把老子列入「原創性形而上學家」，他說：「從世界歷史來看，老子的偉大是同中國的精神結合在一起的。」他評價孔、老關係時說：「雖然兩位大師放眼於相反的方向，但他們實際上立足於同一基礎之上。兩者間的統一在中國的偉大人物身上則一再得到體現……」這裏所謂「中國的精神」「立足於同一基礎之上」，就是説孔子和老子的哲學都是爲了解決現實生活中的問題，都是「務爲治者也」。

在老子哲學之後，中庸説：「天命之謂性」，「思知人，不可以不知天」。孟子説：「盡其心者知其性也，知其性則知天矣。」（孟子盡心上）此後的中國哲學家雖然對天道和人性有不同的認識，但大抵都是講人性源於天道，知天是爲了知人。一直到宋明理學家講「天者理也」，「性即理也」，「性與天道合一存乎誠」。作爲宋明理學之開山著作的周敦頤太極圖説，是從「無極而太極」講起，至「形既生矣，神發知矣，五性感動而善惡分，萬事出矣」，這就是從天道講到人事，而其歸結爲「聖人定之以中正仁義而主静，立人極焉」，這就是從天道、人性推出人事應該如何，「立人極」就是要確立人事的價值準則。可以説，中國哲學的「推天道以明人事」最終指向的是人生的價值觀，這也就是要「爲天地立心，爲生民立命，爲往聖繼絶學，爲萬世開太平」。在作爲中國哲學主流的儒家哲學中，價值觀又是與道德修養的工夫論和道德境界相聯繫。因此，天人合一、真善合一、知行合一成爲中國哲學的主要特點。

中國哲學經歷了不同的歷史發展階段，從先秦時期的諸子百家争鳴，到漢代以後的儒家經學獨尊，而實際上是儒道互補，至魏晋玄學乃是儒道互補的一個結晶；在南北朝時期逐漸形成儒、釋、道三教鼎立，從印度傳來的佛教逐漸適應中國文化的生態環境，至隋唐時期完成中國化的過程而成爲中國文化的一個有機組成部分；宋明理學則是吸收了佛、道二教的思想因素，返而歸於「六經」，又創建了論語孟子大學中庸的「四書」體系，建構了以「理、氣、心、性」爲核心範疇的新儒學。因此，中國哲學不僅具有自身的特點，而且具有不同發展階段和不同學派思想内容的豐富性。

一八四〇年之後，中國面臨着「數千年未有之變局」，中國文化進入了近現代轉型的時期。在甲午戰敗之後的一八九五年，「哲學」的譯名出現在黄遵憲的日本國志和鄭觀應的盛世危言（十四卷本）中。此後，「哲學」以一個學科的形式，以哲學的「獨立之精神，自由之思想」推動了中華民族的思想解放和改革開放，中、外哲學會聚於中國，中、外哲學的交流互鑒使中國哲學的發展呈現出新的形態，馬克思主義哲學在與中國的歷史文化傳統、中國具體的革命和建設實踐相結合的過程中不斷中國化而産生新的理論成果。中華民族的偉大復興必將迎來中國哲學的新發展，在此之際，編纂中外哲學典籍大全，中國哲學典籍第一次與外國哲學典籍會聚於此大全中，這是中國盛世修典史上的一個首創，對於今後中國哲學的發展、對於中華民族的偉大復興具有重要的意義。

李存山

二〇一八年八月

「中國哲學典籍卷」

出版前言

社會的發展需要哲學智慧的指引。在中國浩如煙海的文獻中，哲學典籍占據著重要地位，指引著中華民族在歷史的浪潮中前行。這些凝練著古聖先賢智慧的哲學典籍，在新時代仍然熠熠生輝。

收入我社「中國哲學典籍卷」的書目，是最新整理成果的首次發布，按照内容和年代分爲以下幾類：先秦子書類、两漢魏晋隋唐哲學類、佛道教哲學類、宋元明清哲學類、近現代哲學類、經部（易類、書類、禮類、春秋類、孝經類）等，其中以經學類占多數。本次整理皆選取各書存世的善本爲底本，制訂校勘記撰寫的基本原則以確保校勘品質。全套書采用繁體竪排加專名綫的古籍版式，嚴守古籍整理出版規範，並請相關領域專家多次審稿，作者反復修訂完善，旨在匯集保存中國哲學典籍文獻，同時也爲古籍研究者和愛好者提供研習的文本。

文化自信是一個國家、一個民族發展中更基本、更深沉、更持久的力量。對中國哲學典籍進行整理出版，是文化創新的題中應有之義。中國社會科學出版社秉持「傳文明薪火，發時代先聲」的發展理念，歷來重視中華優秀傳統文化的研究和出版。「中國哲學典籍卷」樣稿已在二〇一八年世界哲學大會、二〇一九年北京國際書展等重要圖書會展亮相，赢得了與會學者的高度讚賞和期待。

點校者、審稿專家、編校人員等爲叢書的出版付出了大量的時間與精力，在此一並致謝。由於水準有限，書中難免有一些不當之處，敬請讀者批評指正。

趙劍英

二〇二〇年八月

本書點校説明

曹元弼（一八六七—一九五三），字穀孫，又字師鄭，一字懿齋，號叔彦，晚號復禮老人。江蘇省蘇州府吴縣人。少受黄體芳器異，選入江陰南菁書院肄業，從黄以周受經，在院與從兄曹元忠、唐文治、張錫恭等交善。早歲專力於三禮之學，治經嚴守鄭玄家法，著禮經校釋，爲海内所推重，後以是書得賞翰林院編修。

一八九七年，曹元弼應張之洞聘，爲兩湖書院經學總教，在院與梁鼎芬、馬貞榆、陳宗潁、王仁俊等相論甚得。戊戌，張之洞撰勸學篇，曹元弼作原道、述學、守約三篇以輔翼之，亦其所自道。又受張之洞命，依勸學篇所論治經之法撰十四經學，閉户論撰，覃思研精，成僅及半，刊竣禮經學、孝經學、周易學三種。一九〇七年，張之洞立湖北存古學堂，重招其爲經學總教。翌年蘇省效立存古，曹氏任蘇存古經學總教，與鄒福保、葉昌熾、王仁俊、唐文治共襄其事，仍兼鄂學。是時，清廷開禮學館，重修大清通禮，曹元弼列顧問，與陳寶琛、張錫恭、曹元忠就議禮事多有函札往還。辛亥六月，曹元弼辭蘇存古教席，居家注易。旋即，存古議廢，清帝退位，民國肇立。

自是，曹元弼爲清遺民，遯世著述，以守先待後爲己任。箋釋周易、孝經、尚書三經鄭氏學，又有周易集解補釋、大學通義、中庸通義、復禮堂述學詩、復禮堂文集等作，一生著書二百餘卷，總三百余萬言。曹元弼一生纂著以全面表彰、恢復鄭學爲依歸，然其所以刊誤補遺，疏釋群經，與清人分文析字、旁征廣引之漢學有別，而終構建一以人倫愛敬爲宗旨，以禮爲體，六藝同歸共貫之經學系統，爲晚清民國古文經學之殿軍。孝經學正是曹元弼經學理論的樞紐和根柢。

曹元弼一生疏釋群經，於孝經反復繫念，所治孝經已成、未成之作數種。其自少專力三禮時，夙興必莊誦孝經，以爲孝經與禮經旨意相通，以重疏二經自任。以鄭學爲歸，而不信群書治要所存孝經鄭注，欲作孝經鄭氏注後定。又欲博采經傳子史以輔翼孝經大義，爲孝經證。雖皆未成，然其箋釋孝經之志與基本學術特征已奠定下來。

至任教兩湖書院時期，受張之洞勸學篇守約的影響，先撰孝經六藝大道録，立百篇目録，僅成述孝一篇，爲其孝經學之大綱。后撰十四經學之一的孝經學，依南皮治經之七法：明例、要旨、圖表、會通、解紛、闕疑、流別，全面梳理孝經大義，評點學術史，總結表達自己的觀點，用作學堂經義課本。孝經學的寫作既是南皮經學教育理念的落實，也從屬於曹氏自身的孝經學著作脈絡，特别是爲孝經鄭氏注箋釋做了鋪墊。

民元后，曹元弼於一九三三年始注孝經，至一九三五年刊成孝經鄭氏注箋釋三卷并孝經校釋一卷。因刊落治要所存鄭注，邢疏、釋文所録鄭注僅全帙之半，故是書采獲鄭氏他經注以補綴之，箋、釋極盡精詳，是其孝經學之代表作。至一九四三年，他又作孝經集注以備童蒙課讀。

在孝經鄭氏注箋釋中，曹元弼表達了以孝經會通六藝的經學體系。鄭玄六藝論云：「孔子既敘六經，題目不同，指意殊别，恐斯道離散，後世莫知根源所生，故作孝經以總會之，明其枝流本蒙于此。」曹元弼篤信斯言，認爲六經是伏羲以至孔子歷代聖王之法，宗旨同在於人倫，而孝經揭示出愛、敬是人倫之道的基礎。故他説：「愛、敬二字爲孝經之大義，六經之綱領。六經皆愛人敬人之道，而愛人敬人出於愛親敬親。」

該書惟有民國二十四年（一九三五）刻本，今據以整理。除錯訛字、避諱字徑改，其餘保持原貌。曹氏采獲鄭氏他經注補綴成文者，原書字兩旁加綫以示區別，今整理時加雙下劃綫。

宫志翀

二〇一八年五月

目録

孝經鄭氏注箋釋序

賜進士出身　誥授中憲大夫翰林院編修加二級吴縣曹元弼撰

昔孔子兼包堯、舜之聖德，著之春秋以俟後聖，遂概栝六藝大道，探本窮源而作孝經。孝經之義，本乾元、坤元化育萬物所命生人之性，統上古以來聖神繼天立極、保民無疆之大經大法，約以躬行至德、崇人倫之實行，極憂患生民、愛敬萬世之仁，揭其大原而質直言之。其道置之而塞乎天地，溥之而横乎四海，施之後世而無朝夕，萬物並育，美利無窮，而其實不過由孩提赤子之良知良能，存養而擴充之。蓋天所以生人，人所以繼天而生生，聖人所以普天地生德于天地萬世者，道一而已。自孔子作經以授曾子，三千之徒備聞其說，歷子思、孟子而其道益明。自漢以來，儒者治經皆通習孝經、論語。是以二千餘年名教綱常維持不墜，人類相生以至今日。然孝經古訓多亡，百家是非雜糅，其能開示蘊奧，提挈綱維，於天道至教、聖人至德洞徹其本原者，莫如漢鄭君，及明黄氏道周、國朝阮氏元。

鄭君之言曰：「孝經者，三才之經緯，五行之綱紀。孝爲百行之首，經者不易之稱。」又曰：「至德，孝弟也；要道，禮樂也。」又曰：「孝弟恭敬，民皆樂之。」又曰：「孝行於内，其化自流於外。」又曰：「孔子以六藝題目不同，指意殊别，恐道離散，後世莫知根源，故作孝經以總會之。」蓋孝者，元氣也，生德也。太極元氣，函三爲一，天道陰陽，地道剛柔，人道仁義。陰陽，生氣也；剛柔，生質也；仁義，生德也。天地之大德曰生，民受天地之中以生，三才合於一元。元者，天地之所以爲天地也，即人之所以爲人。陰陽轉而爲五行，人秉五行之精爲五常之性，五常皆出於仁，仁本于孝，孝弟同體。孩提愛親，少長敬兄。仁之實，事親；義之實，從兄；禮之實，節文斯二者；樂之實，樂斯二者。人之行莫大於孝，而弟即由此起，忠即由此資，因嚴教敬，因親教愛，萬善皆由此生。人類由此相生相養相保不相殺，而天下國家可治。故曰：「夫孝，天之經，地之義，民之行。」天不變，道亦不變。人無智愚賢不肖，見孝弟恭敬之行，無不憮然動其天良，肅然慕爲善道。是以孔子「行在孝經」，見而民莫不敬，言而民莫不信，行而民莫不説。民之秉彝，好是懿德，聖人先得人心之所同然。故上古天地初開，伏羲作易定人倫，而人類即别于禽獸，萬世孝治天下由此始。自是聖帝明王則天順民，立政立教，百世一揆，故堯、舜之道，孝弟而已。三代之學，皆所以明人倫，至周公制禮而大備。春秋以元之氣正天之端，以天之端正王之政。五始大義，如天地無不持載覆幬，無非肫肫之仁由大本而來。蓋六經之教，一歸於使人相生相養相保，而相生相養必由於相愛相敬，相愛相敬之本出於愛親敬親。惟愛敬盡於事親，故能於天下之人無不愛、無不敬，而使天下之人無不愛吾親、敬吾親。此明王所以得萬國之歡心以事其先王，而天下和平，灾害不生，禍亂不作也。此其道求之六經，觸處皆是，而統宗會元，在於孝經。陳氏澧謂：「鄭君六藝論已佚，而幸存數言，使學者知孝經爲道之根源，六藝之總會。此微言未絶，更好大義未乖者矣。」

黄氏之言曰：「孝經者，道德之淵源，治化之綱領也。六經之本皆出孝經，而大、小戴禮記爲孝經疏義。蓋孝爲教本，禮所由生，語孝必本敬，本敬則禮從此起。」又曰：「孝經微義有五：因性明教，一也；追文反質，二也；貴道德而賤兵刑，三也；定辟異端，四也；韋布而享祀，五也。」夫六經同歸，其指在禮，而禮之本在孝。孝以愛興敬，禮以敬治愛。孝子有惻怛深愛之情，則必以慎重至敬出之，而禮生焉。記曰：「孝子之有深愛者必有和氣，有和氣者必有愉色，有愉色者必有婉容。孝子如執玉，如奉盈，如弗勝，如將失之。」其言形容愛敬相因而至之誠，至爲親切。此孝所以爲禮之始，而立六經之本。是即鄭君以至德爲孝弟，要道爲禮樂，以孝經總會六藝之精義也。

其言「因性明教」，何也？聖人施教，不立別法，但因其本性而利導之。經曰：「父子之道，天性也。」生之膝下，一體而分，喘息呼吸，氣通於親，父子至親，天性自然。惟親之至，故父母於子，拊之畜之，顧之復之，恐其疾病，恐其不育，心誠求之，其難其慎。而子于父母，纏綿依戀，頃刻難離，色笑仰瞻，教令必從，自然而知尊嚴。親者天性，嚴者亦天性。聖人因其嚴而教之敬，且推敬親之心以敬人，以極於無所不敬；因其親而教之愛，且推愛親之心以愛人，以極於無所不愛。聖人能使四海之內合敬同愛，以相生相養者，一因乎性而已。中庸曰：「天命之謂性」，所謂天性也。曰：「率性之謂道」，因天性親嚴而爲父子之道，五達道皆由此起也。曰：「修道之謂教」，因嚴教敬，因親教愛，而禮達於天下也。孟子道性善，孩提愛敬，善之本也，如河出昆侖虛，其正源也；乍見孺子將入于井，怵惕惻隱，善端之發見也，如導河積石，其重源也。聖人因性立教，所謂道之大原出於天而不可易也。

其言「追文反質」，何也？先王之立禮也，有本有文。孝者，本性至質，而經天緯地之文出焉。因性立教，稱情立文，則冠、婚、喪、祭、聘、覲、射、鄉，大而郊社、明堂，細而揖讓、周旋、進退、酬酢，繁文縟節，無一非愛敬精義所彌綸。非是而逐末忘本，則薄于德，於禮虛，人而不仁，如禮何？子曰：「殷因于夏禮，所損益可知也。周因于殷禮，所損益可知也。」所損益者，文也。所因者，質也。論語馬注「文質」據節文詳略言，此以禮之數爲文，其義爲質，理互通。記曰：「禮之所尊，尊其義也。失其義，陳其數，祝史之事也。」其數，文也；其義，質也。故孔子於禮極論其義，而又作孝經，以明義之所從出。子曰：「君子博學于文，約之以禮。」六經之文約以禮，禮約以孝經。孝經之義明，則三代禮樂雖泯絕于秦，而有王者興，以至德要道順天下，禮之存者可舉而行，其亡者可以義起。所謂五帝、三王之治猶可以復也。

其言「貴道德而賤兵刑」，何也？聖人者，代天地爲民父母以生人者也。先王以至德要道順天下，先之以博愛敬讓，而凡有血氣之倫，無不感發其善心，興孝興弟，親愛禮順，相生相養，和睦無怨。四海之内，皆生氣所彌綸，而殺機無由作，皆順氣所周浹，而逆節無由萌。是以兵革不試，五刑不用，各正性命，保合大和，以協於天地之性。升中於天，配以父祖，惟天惟父祖所全付之赤子，無毫髮之毀傷，是謂孝治。聖人以四海兆民爲一體，如毛在躬，拔之無不知痛，故曰：「萬方有罪，罪在朕躬」，勸賞畏刑，恤民不倦。孝經于天子章特引甫刑，惻然勝殘去殺，太平刑措之思。紀孝行章深重丁寧，戒孝子慎防禍亂兵刑。五刑章怵惕震動，爲萬世將自干天討者大聲疾呼。出之禽門而返諸人，出之死地而返諸生，凡欲以道德化兵刑也。董子曰：「天道大者在於陰陽。陽爲德，陰爲刑。天使陽常居大夏，而以生育長養爲事，陰長居大冬，而積於空虛不用之處，以此見天之任德不任刑。」此春秋義，即孝經義也。夫孝，德之本，刑自反此作。當時王道衰，人倫廢，刑肅俗敝，極于暴秦，窮兵酷刑，民無所措手足，而亡不旋踵。後王觀于殷、周有道之長，秦無道之暴，而天下國家治亂興亡之由，斷可知矣。

其言「定辟異端」，何也？聖人之教，一本天經地義，順人性固有之善而導之。是以教不肅而成，政不嚴而治。六經之文，自伏羲以迄周公，歷數十聖人之治，數千載之久，而其爲道也一，可謂正道定理，百世不可得與民變革者矣。自夏、商之衰，邪説暴行作，周末益甚，學非而博，言僞而辯，百家蠭起，其爲説不同，而歸於反易天常、傷敗彝倫則同。周禮曰：「孝德以知逆惡。」孟子曰：「經正則庶民興，庶民興斯無邪慝。」孝經舉先王至德要道以明示萬世，昭昭揭日月而行，則人心自正，邪説自息。經曰：「不愛其親而愛他人者，謂之悖德；不敬其親而敬他人者，謂之悖禮。以順則逆，民無則焉，不在於善，而皆在於凶德。」明乎此則民知神姦，不逢不若，而忍心爲邪説者，不得以錦覆陷阱，飴和酖毒，陷吾民於積血暴骨之禍矣。

其言「韋布而享祀」，何也？孝莫大于嚴父，嚴父莫大于配天。此惟聖人在天位者得行之，降是則諸侯五廟、大夫三廟以下，各有定分。然大學之禮，必設奠於先聖先師，不惟其位惟其德。凡有道者，有德者，死爲樂祖，祭于瞽宗。尊其道必尊其人，尊其人則榮其親，崇德報功，自古而然。若吾夫子，則出類拔萃，生民未有，與天地合德，集群聖大成，言爲世法，動爲世道，經綸天下之大經，立天下之大本，以愛敬萬世生民。自天子至於庶人，莫不畏而愛之，則而象之。是以崇聖之祀，尊及五世，衍聖之緒，流慶萬年，德爲聖人，尊爲帝王師，宗廟饗之，子孫保之。雖志在春秋，變魯興周，其道未行於當時；而行在孝經，盡性贊化，其功反賢於堯、舜。七十子之徒，思、孟諸大賢，以夫子之教木鐸天下，覺牖無窮。自漢以來，純儒若毛公、伏生、董子、許君、鄭君、韓子、周、程、張、朱子之等，名臣若諸葛忠武、陸忠宣、范文正、司馬文正之等，其學問德業足羽翼聖道，爲百世師資，皆附日月之光，隆春秋之享。而子孫家廟，因是推本追遠弗忘。其他忠臣孝子、志士仁人，足以立孝敬準式、爲人倫師表者，後世高山景行之慕，尸祝享侑流澤之光，皆愈久不衰。身爲聖賢之身，即親聖賢之親，其道與天道無終極，即其身其親亦與天地無終極。天地既有此人，人即當以身存天地，父母既有此子，子即當以其身存父母。故嚴父配天，雖天子所獨，而大孝不匱，事親如事天，事天如事親，則上下之通訓。經以立身行道揚名爲孝之終，此仁人孝子所當深勉也。

阮氏之言曰：「春秋以帝王大法治之於已事之後，孝經以帝王大道順之於未事之前，皆所以維持君臣，安輯家邦。君臣之道立，上下之分定，於是乎聚天下之士庶人而屬之君卿大夫，聚天下之君卿大夫而屬之天子。上下相安，君臣不亂，則世無禍患，民無傷危矣。論語曰：『其爲人也孝弟，而好犯上者鮮矣。不好犯上，而好作亂者，未之有也。君子務本，本立而道生。孝弟也者，其爲仁之本與？』此章即孝經之義。不孝則不仁，不仁則犯上作亂，無父無君，天下亂，兆民危矣，春秋所以誅亂臣賊子也。孟子曰：『何必曰利，亦有仁義而已矣。上下交徵利，千乘之國、百乘之家，皆弑其君，不奪不厭。』此章亦即孝經之義，孔、孟正傳在此。戰國以後，縱横兼并，秦祚不永，由於不仁，不仁本於不孝，故至於此也。」又曰：「孝經取天子、諸侯、卿大夫、士、庶人最重之一事，順其道而布之天下，封建以固，君臣以嚴，守其髮膚，保其祭祀，永無奔亡弑奪之禍。即有子所云孝弟之人不犯上作亂也。使天下人人皆不敢犯上作亂，則天下永治。惟其不孝不弟，不能如孝經之順道而逆行之，是以子弑父，臣弑君，亡絶奔走，不保宗廟社稷。是以孔子作春秋，明王道，制叛亂也。」蓋君臣之義與父子之道終始相維持。上古聖人欲生養保全萬萬生民，既別男女，定夫婦，以正父子之本，又博求仁聖賢人，與共司牧師保之任，辨上下，定民志，使强不犯弱，衆不暴寡，老有所終，幼有所長，天下各得保其父子。天下思保其父子，則必爲君盡君道，爲臣盡臣道。天下君君臣臣，則自天子至於庶人，各保其祖父所傳之天下國家、身體髮膚，以承天休而享土利。愛親者不敢惡於人，敬親者不敢慢於人，則永無亡絶奔走之患。以孝事君則忠，以敬事長則順，更安有犯上作亂之禍？合敬同愛，則親親尊尊，以富以教，而道德、學問、政治、禮樂由此興。合智同力，則莫大禍患，無不弭平，莫大功業，無不興立，而天灾地妖、夷狄猛獸不能殺。故天下之治，治於君臣，而本於父子。此孝經、春秋相輔爲教，所以爲萬世不易之聖法也。

元弼少治禮經，服膺鄭學。夙興必莊誦孝經，沉潛反覆，覺禮之宏綱細目、詳節備文，無非愛敬真意所發育流形，威儀孔時，藹然孝思之則。合之黄氏、阮氏之言，六經大義同條其貫，聖學王道粲然分明。惜鄭注殘缺，據臧氏庸、嚴氏可均輯本補而正之，爲後定一編。未及成，適欽旌節孝婦吴氏亡妹以刊孝經祈舅疾愈得效，爲校定臧本文字，序其大義。尋世變日亟，邪説並興，反天明，擾人紀。承閣師張文襄公見商，竊欲以孝經會通群經，撰孝經六藝大道録一書，以明聖教，挽狂瀾，先爲述孝一篇。公然之。而斟酌體例，欲經别爲書，屬撰十四經學。覃思九年，成未及半，朱竹石師先取已定稿之易、禮、孝經三學刊以行世。孰意天降大戾，中原陸沉，閉户絶世，箋釋周易十有七年。至痛在心，精力消耗，重以兩昆皆逝，百感填膺。自顧衰頽，深恐數十年治經心得遺忘銷沉，既成大學中庸通義，復致力孝經。考訂鄭注，補其缺文，昭析區别，傳信將來。博稽古訓爲之箋，而以積思所得貫串群言釋之。戰戰兢兢，如臨父母，如臨師保，覆更詳審，歷一年餘，成書三卷。

嗚呼，父母既没而言孝，此人子極傷心之事。況元弼初生時，先妣倪太夫人以重親年高，奉養至敬，馨羞潔膳，必躬必親。值家境至艱，先考錦濤公節儉力行，積銖累寸，一以奉親，無毫髮私。夙興夜寐，絶無女使分勞，且不願假手他人。産未及旬，黽勉從事，雖祖考温言固止之，而誠孝出於至性，服勤不知身瘁。時當孟春，寒氣入骨，遂成痛風，爲終身累，晚年數指屈而不伸。至今追思，宛然在目，痛心如刺。不肖之軀氣質素弱，自讀書外，視履動作，皆不逮人。蒙庭訓師教，早忝科第，南北應試，遊子出門，重爲親憂。又疾病時作，鞠育之艱，劬勞倍極，冠婚之子，憐若嬰孩。何天不吊，寸草初榮，春暉遽謝，年二十三而吾母棄養，二十九而吾父棄養。幼小既癡頑無知，及稍能從兩兄事親，而忽已靡瞻靡依。追維吾祖、吾父、吾母至孝之行，曾未能率行萬一。自痛侍奉無狀，刻肌刻骨，樹欲静而風不停，子欲孝而親不待，悲夫！是時厥後，戚戚兄弟，相依爲命，明發有懷，相戒無忝。而桑榆晚景，棠棣凋零，獨行睘睘，顧影凄惻。回憶當年繞床同侍，怡怡承歡，此境何可再得，悲夫！孝道不在言而在行，夫子行在孝經，所以爲人倫之至。元弼日誦孝經數十年矣，反躬自省，怛焉内疚，以言乎事親，則鮮民之生，不如死之久矣；以言乎事君，則受恩深重，涓埃莫報；以言乎立身，則我猶未免爲鄉人也。曾子曰：「親戚既没，雖欲孝，誰爲孝？年既耆艾，雖欲弟，誰爲弟？」猶憶往時，故同年友張君聞遠在憂服之中，與我書曰：「不孝已矣。兄當父母俱存之日，幸無負此光陰。」無讀之深感於心。今元弼已矣，願世之逮事其親者，愛惜薄暮之夕陽，怵惕易晞之朝露，無自失其父母俱存，兄弟無故之真樂。是以此編不憚諄諄苦口，竭誠盡言，庶幾以心感心，天下後世爲人子者或有取乎此也。

抑又有願焉，聖人之道，行則天下治，而民盡樂其生，廢則天下亂，而民莫得其死。我夫子論六經，以孝經立其本，極愛敬至誠以生萬世之人。是以歷戰國暴秦人類幾盡，而後王得以撥亂反正，重活我民，自漢以來天下屢亂而可復治，乾坤不息，人類相生相養至今，皆我夫子天覆地載之仁。我朝列聖以孝治天下，世祖章皇帝御注孝經，聖祖仁皇帝欽定孝經衍義，世宗憲皇帝御定孝經集注，承天顯道，繼明重光，爲皇建有極，福庶民之本。聖諭十六條，首敦孝弟以重人倫，是以於變時雍之化，比隆唐、虞，長治久安二百數十。至德要道順天下，其效大章明較著，如日月中天。不幸既濟之衰，泰極反否，九厄窮陰陽，萬喙沸楊、墨，三綱横絶，四海倒懸，殺人如麻，戰無虚歲，鴟義姦宄，喋血平原，民之生也難矣。然天心至仁，人性本善，聖經俱在，先王餘澤遺教未泯。所望敦行孝弟之有道仁人，體上天好生之德，先聖悲憫之心，順氣感人，永錫爾類。逢人勸之讀孝經、四子書、五經，與子言孝，與弟言弟，與臣言忠，與友言信，非仁無爲，非禮無行，博愛廣敬，積小至大，由邇及遠，推暨無窮。俾宇宙患氣，見晛雪消，人識君臣父子之綱，家知違邪歸正之路，馴致天下皆孝子，溥海盡仁人，凡圓顱方趾直題横目之民，無不講信修睦，相親相遜。由匹夫之孝，一念之仁，推而至於安上治民，移風易俗，銷兵刑而興禮樂，保四海而慶兆民。堯、舜之澤，洋溢中國，施及蠻貊，孔子之教，且遍行於五大洲。天之未棄斯民也，其必由此也夫。天之未喪斯民也，其必有此日也夫。

歲在閼逢閹茂季秋之月

條　例

經文字句，鄭本見陸氏釋文確然可據者，從鄭本。餘悉依唐石臺本及開成石經。

鄭注引見本經注疏、各經疏及他書者，前儒采輯略備，嚴氏可均本尤爲完具。惟嚴輯多引群書治要所載注文，考其文義，絶非本真。焦氏循所駁猶未盡中的。今悉删去，而於釋語末每條辨其得失，以祛來惑。

釋文所出鄭注殘句殘字，既難屬讀，又有附見所出經字下云「注同」者。此等零文，棄之則非保殘守缺、愛禮存羊之意，存之則於經無益，反障學者心目。今深求其意，援據舊訓，補綴成文，務使讀之怡然理順。又恐舊文新補混淆，特於原有之字謹注出處，補字則狹小其體，加綫其旁，注明若干字補。俾他日傳寫，無慮訛亂。庶不失春秋傳信，論語闕文之義。

各書所引注文，嚴氏連綴頗有條理，雖不能盡如原文，而於學者甚便。今多仍之，而離合異同，識别綦詳，俾昭晰無疑。

禮記及周、秦、漢古書説孝經義，説文解字引孝經古文，漢、魏、六朝、唐人孝經注之精善者，皆引入箋。

元疏以下先儒之説，及近儒皮氏錫瑞、簡氏朝亮、吾友唐氏文治之書，皆擇要引入釋語，而以己意貫串之。其間朱子刊誤，實爲千慮一失。陳氏澧論之最允，孝經學明例篇已備引之。司馬氏光、范氏祖禹雖用僞古文，而義理純正，然大旨不出注疏範圍。黄氏道周集傳，精深博大，然辭高旨遠，初學不能盡明，今多引而申之。阮氏福原本家學，引據古書頗多，皮氏考據頗詳，簡氏推尋經意頗密，皆有可采。唐氏内行甚篤，其言猶足感發人之天良。往者事出萬難，横遭牽連，元直指心，豈其有他。西河設教，所益甚巨，附論於此。

説孝經當發明大義，感動人心，庶合聖人垂教之旨。其訓詁典章，雖不可略，要不宜失之瑣碎。今博考而約舉之，俾學者與詩、書、禮經互求。

唐玄宗注，元行沖疏，雖得失互見，要爲治孝經必讀之書。邢叔明校定後，於今且千年，脱文誤字與各經疏相等。今正其積譌，俾童蒙之流一覽而悟，又論其義之是非，別爲孝經校釋。學者宜與阮氏孝經校勘記合觀之。

孝經學指示途徑，此書闡發誼理，詳略互見，相輔而行。

孝經序論釋

鄭氏六藝論

曹元弼學

孔子以六藝題目不同，指意殊别，恐道離散，後世莫知根源，故作孝經以總會之。劉炫述義引。玄又爲之注。宋均孝經緯注引，並見孝經正義。

釋曰：此鄭君六藝論論孝經逸文也。古者以禮、樂、射、御、書、數爲六藝，而樂正以詩、書、禮、樂造士，謂之四術。易爲筮占之用，掌于大卜，春秋記邦國成敗，掌于史官，亦用以教，通名爲經，禮記經解詳列其目。至孔子删定詩、書、禮、樂，贊周易，修春秋，而其道大明。學者亦謂之六藝，「七十子之徒身通六藝」是也。六藝標題名目不同，如易取易簡、變易、不易之義，詩之言志，禮之言體、言履之等。指歸意義殊别，如易明天道，書録王事，詩長人情之等。六藝皆用以明道，而言非一端，時歷千載，既名殊意別，恐學者見其枝條之分，而不知其根之一，見其流派之歧，而不知其源之同，如此則大道離散，而異端之徒且得乘間以惑世誣民，充塞仁義，爲天下後世大患。故孔子既經論六經，特作孝經，立大本以總會之。蓋六經皆愛人敬人，使人相生相養相保之道，而愛敬之本出於愛親敬親。故孝爲德之本，六經之教皆由此生。說詳序文及卷端大題下及原道篇。云「玄又爲之注」者，此上當序孝經源流，而今亡矣。云「又」者，對先儒而言。鄭君實注孝經，愚徧考群書論之，詳卷端題鄭氏注下，及孝經學流別篇。

鄭氏孝經序

曹元弼學

孝經者，三才之經緯，五行之綱紀。孝爲百行之首，經者不易之稱。玉海四十一。僕避難于南城太平御覽有「之」字。山，棲遲巖石之下。念昔先人，餘暇述夫子之志而注孝經劉肅大唐新語九，御覽四十二南城山，太平寰宇記二十三費縣。焉。陳氏鱣本有「焉」字，嚴輯本仍之，今亦存以足句。

釋曰：「經緯」以治絲喻，説文云：「經，織縱絲也」，「緯，織衡絲也」。織必有經有緯而後成。孝者，德之本，易所謂元也。元者，善之長，氣之始，天地之所以爲天地，即人之所以爲人。天地以元氣成象成形，人以元氣成性。孝經者，使人盡其性以協乎天地之性，由良知良能以極於位天地，育萬物，如治絲之有經緯而成繒帛也。春秋傳曰：「禮者，天地之經緯，民之所由生也。」禮始於孝，其義同。「綱紀」以網罟喻。詩棫樸箋曰：「張之爲綱，理之爲紀。」董子曰：「五行者，五行也。」五行之精，爲仁、義、禮、智、信五常之德，五常皆出於仁，仁本於孝。孝經者，使人盡仁義之實，知之，節文之，樂之，措之天下無所不行，彝倫攸敘，萬事得理，若網在綱，有條而不紊者也。人之行莫大于孝，萬善皆從此出，夫子特作此經以總會六藝。此天地之常經，古今之通義，天不變道亦不變者。餘詳序及大題下首章、三才章、聖治章。

鄭君避難南城山，劉肅以爲遭黄巾之難避地徐州是也，又以此序爲鄭君裔孫所作，則自相謬戾矣。云「念昔先人」，此時鄭君蓋年六十餘，父已没也。餘暇，避難之暇也。顛沛流離之際，思親述聖，頃刻不忘，所以爲儒者宗。他日戒子書，因疾篤自慮，惟以親墳龔及寫定書傳人爲念，即此意。鄭君於群經皆先通今文，後注古文。孝經注數典多今文説，與禮注不盡同，其屬草當最在先。避難南城時或加修改，故序云然，然尚非折衷定本，學者或未盡見，故多傳疑。今考注義，淵源深遠，確得經旨，實爲古今百家之冠，必出鄭君。或以爲鄭小同作，或以爲他鄭氏作，皆臆説無據。卷端題下及流別篇辨之詳矣。

春秋有吕國而無甫侯。禮記緇衣正義。

釋曰：此句上下文皆亡闕，蓋就「甫」、「吕」二字分别今古文。説詳天子章。

孝經鄭氏注箋釋卷一

曹元弼學

孝經鄭氏注孝經正義云：「今所行孝經題鄭氏注。」唐劉知幾曰：「晉中經簿稱鄭氏解。」

箋云：子曰：「吾志在春秋，行在孝經。」中庸曰：「唯天下至誠，爲能經綸天下之大經，立天下之大本。」鄭氏曰：「大經，謂六藝而指春秋也。大本，孝經也。」漢書藝文志曰：「孝經者，孔子爲曾子陳孝道也。夫孝，天之經，地之義，民之行。舉大者言，故曰孝經。」白虎通曰：「孝經者，制作禮樂，仁之本。」鄭氏六藝論曰：「孔子以六藝題目不同，指意殊別，恐道離散，後世莫知根源，故作孝經以總會之。劉炫述義引。玄又爲之注。宋均孝經緯注引，並見正義。」

釋曰：天道至教，聖人至德，著在六藝。孔子既經論六藝，是古先聖王愛敬生民、順治天下之道粲然分明。又提綱挈領，本躬行之實，所以體天德之元，立人倫之極，聖學王道一以貫之，人心之所同然，百世不可與民變革者，作爲孝經，以仁覆萬世。蓋道之大原出於天，孝者，天性也。元氏澹孝經正義曰：「孝者，事親之名。經者，常行之典。爾雅曰：『善父母爲孝。』禮記祭統云：『孝者，畜也。畜，養也。』釋名：『孝，好也。』周書謚法：『至順爲孝。』揔而言之，道常在心，盡其色養，中情悦好，承順無怠之義也。」案説文云：「孝，善事父母者。从老省，从子。子承老也。」又云：「老，考也，从人毛匕，音化。言須髮變白也。」案凡從老之子皆省匕，而孝字省匕尤有精意。父兮生我，母兮鞠我，撫我畜我，長我育我，顧我復我，出入腹我，劬勞萬端，養之教之，以至成立。子日壯則親日衰，至子能事父母，而父母已老，須髮變白矣。故夫子曰：「父母之年，不可不知也。」而其稱曾子之事親曰：「常以皓皓，是以眉壽。」孝字省匕，蓋體孝子愛日之誠，不忍言父母毛髮變匕也。聖人製字各有至理，苟識孝字，則孝心不能已，而孝道亦從可知矣。孝者，天命之性，與生俱生。親生之膝下，屬毛離裏，血體相嬗，喘息呼吸相通，故人無不愛其子，子無不親其親。孩提之童，他無所知，而無不知愛其親。凡人之同類相親，極至天下爲一家，中國爲一人，其本皆從呱呱而泣，蠕蠕而動，婉轉啼笑於父母懷中，一片親愛至誠而來。所謂大人者，不失其赤子之心者也。」「天地之大德曰生」，人之所以成性。「大哉乾元，萬物資始，至哉坤元，萬物資生」，「乾道變化，各正性命」，資生德以成性也。故曰：「夫孝，天之經，地之義，民之行。天地之經，民是則之。」由是聖人因嚴以教敬，因親以教愛而爲禮。故春秋傳亦曰：「夫禮，天之經，地之義。天地之經，民實則之。」孝，禮之始也。生民之初，有善性而不能自覺，伏羲繼天立極，作易八卦，定人倫，實爲孝治天下之始。自是五帝、三王，詩、書所載盛德大功，皆由此起。故堯、舜之道，孝弟而已。三代之學皆所以明人倫，至周公制禮而大備。周衰，禮教廢，彝倫斁，至於篡弒相仍，則生理絶而殺氣熾，生民將無所噍類。孔子作春秋，誅大逆而遏殺機，作孝經，明大順以保生理。蓋伏羲以來之道，集大成於孔子，六經之旨，備於孝經。説文「經，織從絲也。」段氏玉裁云：「織之從絲謂之經。必先有經而後有緯，是故三綱、五常、六藝謂之天地之常經。」案經本訓縱絲，引申爲常爲法。阮氏福孝經義疏補謂：「聖人以孝如織之有從絲，天下古今當奉之爲常法，循之爲大道，故曰經。」蓋織必先經而後緯，舉經可以統緯。帝王質文，世有損益，此可得與民變革者也，緯也。五倫爲萬事之本，孝爲五倫之本，此不可得與民變革者也，經也。孝出於天性，古今聖愚性無不同。孝之道，置之而塞乎天地，溥之而横乎四海，施之後世而無朝夕。聖人所以使天下相愛相敬相生相養相保而不相殺，其大本在此，所謂天不變道亦不變。六藝皆此道，故皆稱經。禮記述詩、書、禮、樂、易、春秋之教曰經解，是也。聖人之書皆本天經地義，此經論孝，直揭其根源，故特名曰孝經。此孔子所自名，明孝爲萬世不易之常道也。皇氏侃云：「經，常也，法也。此經爲教，任重道遠。雖時移代革，金石可消，而孝爲事親常行，存世不滅，是其常也；爲百代規模，人生所資，是其法也。」孝爲百行之本，故名曰孝經，此孝經之名義也。黄氏道周孝經大傳序云：「孝經者，道德之淵源，治化之綱領也。六經之本皆出孝經，而小戴禮記四十有九篇，大戴禮記三十有六篇，皆爲孝經疏義。蓋當時師、偃、商、參之徒，習觀夫子之行事，誦其遺言，尊聞行知，萃爲禮論，而其至要所在，備於孝經。觀戴記所稱君子之教也，及送終時思之類，多繹孝經者。蓋孝爲教本，禮由所生，語孝必本敬，本敬則禮從此起。」阮氏元云：「春秋以帝王大法治之於已事之後，孝經以帝王大道順之於未事之前，皆所以維持君臣，安輯家邦者也。

君臣之道立，上下之分定，於是乎聚天下之士庶人而屬之君卿大夫，聚天下之君卿大夫而屬之天子。上下相安，君臣不亂，則世無禍患，民無傷危矣。即如百乘之家不敢上僭千乘，千乘之國不敢上僭萬乘，則天下永安矣。且千乘之國不降爲百乘，百乘之家不降爲庶人，則天下永安矣。論語曰：『其爲人也孝弟，而好犯上者鮮矣。不好犯上，而好作亂者，未之有也。君子務本，本立而道生。孝弟也者，其爲仁之本與？』論語此章，即孝經之義也。不孝則不仁，不仁則犯上作亂，無父無君，天下亂，兆民危矣。春秋所以誅亂臣賊子者，即此義也。孟子曰：『何必曰利，亦有仁義而已矣。上下交征利，千乘之國、百乘之家皆弒其君，不奪不厭。』此首章亦即孝經之義，孔、孟正傳在此。戰國以後，縱橫兼併，秦祚不永，由於不仁，不仁本於不孝，故至於此也。」又云：「論語次章有子之語，蓋兼乎孝經、春秋之義。孔子之道在於孝經。孝經取天子、諸侯、卿大夫、士、庶人最重之一事，順其道而布之天下，封建以固，君臣以嚴，守其髮膚，保其祭祀，永無奔亡弒奪之禍，即有子所云孝弟之人不犯上作亂也。使天下庶人、士、大夫、卿、諸侯人人皆不敢犯上作亂，則天下永治也。惟其不孝不弟，不能如孝經之順道而逆行之，是以子弒父，臣弒君，亡絕奔走，不保宗廟社稷。是以孔子作春秋，明王道，制叛亂，明褒貶。春秋論之於已事之後，孝經明之於未事之先。其間所以相通之故，則有子此章，實通徹本原之論。」案古今百家説孝經者，此二家獨見其大。愚謂孝經之教，本伏羲氏通神明之德，類萬物之情，祖述堯、舜，憲章文、武，易、詩、書、禮、樂、春秋一以貫之。蓋六教者，聖人因生人愛敬之本心而擴充之，以爲相生相養相保之實政。易者，人倫之始，愛敬之本也；書者，愛敬之事也；詩者，愛敬之情也；禮者，愛敬之極則也；春秋者，愛敬之大法也。愛人敬人本於愛親敬親，孔子直揭其大本以爲孝經，所以感發天下萬世之善心，厚其生機而弭其殺禍。故戰國暴秦積血暴骨之後，有天下者得由此以撥亂反正，勝殘去殺，天下屢亂而可復治，聖君率是以致隆平。不意近三十年前，邪説横行，要君無上，非聖無法，非孝無親，悍無忌憚，遂釀成開闢以來未有之大亂。故聖人之道，一得於天下，民無不足，無不贍者，一物紕繆，民莫得其死。孝之爲經，豈不大彰明較著哉？元弼當時不勝杞憂，欲爲孝經六藝大道録，以正人心，息邪慝。先做述孝一篇，其文曰：「天地之大德曰生。生人者，天地也，父母也。天地父母能全而生之於始，而不能使各全其生於終。聖人者，代天地爲民父母以生人者也，故曰産萬物者聖。聖之言生也，聖人將爲天地生人，必通乎生民之本而順行之。故聖人能以天下爲一家，以中國爲一人者，非他，順其性而已。性者，生也，親生之膝下，是謂天性。惟親生之，故其性爲親，而即謂生我者爲親。孩提之童，無不知愛其親也。親則必嚴，孩提之童，其父母之教令則從，非其父母不從也，父母之顔色稍不説則懼，非其父母不懼也，是嚴出於親。親者天性，嚴者亦天性也，親嚴其親，是之謂孝。是孝者，性也。性者，立教之本也。水之性流，掘地而注之，可以達於海，火之性烈，鑽燧而取之，可以燎於原。使人而本無性也者，人之性而本不親嚴其父母也者，則悖逆詐僞、争奪相殺固其所，而聖人將無所施其教。今人之性既親嚴其父母若是，則順而推之，可以無所不親，無所不嚴。無所不親謂之愛，無所不嚴謂之敬。試觀孩提愛親，少長即知敬兄，由父兄而推之，凡在天屬，無不親也，其尊長，無不敬也。是即率性而順行之，親嚴可以教愛敬之明效也。故曰：『君子務本，本立而道生，孝弟也者，其爲仁之本與？』又曰：『親親，仁也。敬長，義也。仁、義、禮、智之端，擴而充之，若火之始然，泉之始達，苟能充之，足以保四海矣。苟不充之，則不足以事父母。』何也？人少則慕父母者，性也。及其長而好色也，妻子也，仕也，嗜欲攻取，天性日漓，親者疏而嚴者忽矣。何怪乎事君不忠，誤國殃民，犯上作亂，覆家亡身以灾及其親乎？即或本心無他，而不達於道，以爲吾親則愛之，非吾親則不愛，吾親則敬之，非吾親則不敬，不敬則慢，不愛則惡。惡人者人亦惡之，慢人者人亦慢之，居上則亡，爲下則刑，在醜則兵，毁其身，危其親。雖日用三牲之養，其得爲孝乎？若此者，非無性也，無教也。無教則逆其性，逆其性則失其生。上古聖人有生人之大仁，知性之大知，知人之相生，必由於相愛相敬，而相愛相敬之端，出於愛親敬親，愛親敬親之道，必極於無所不愛，無所不敬，使天下之人無不愛吾親、敬吾親，確然見因性立教之可以化民也。推其至孝之德，卓然先行博愛敬讓之道，而天下之人翕然戴之以爲君師。於是則天明，因地義，順人性，正夫婦，篤父子，而孝本立矣，序同父者爲昆弟，而弟道行矣。因而上治祖禰，下治子孫，旁治宗族，而親親之義備矣。博求仁聖賢人，建諸侯，立大夫，以治水、火、金、木、土、穀之事，富以厚民生，教以正民德，司牧師保，勿使失性，勿使過度，上下相安，君臣不亂，而尊尊之道著矣。聖法立，王事修，民功興，則有同講聖法，同力王事，同即民功者謂之朋友，而民相任信矣。三綱既立，五倫既備，天下貴者治賤，尊者畜卑，長者字幼，而民始得以相生。且賤者統於貴，卑者統於尊，幼者統於長，而民不得以相殺。於是教以孝，以敬天下之爲父者而子説，教以弟，以敬天下之爲兄者而弟説，教以臣，以敬天下之爲君者而臣説，子説則孝，孝則親愛，弟説則弟，弟則禮順，臣説則忠，忠則居官理治。且愛親者不敢惡於人，敬親者不敢慢於人。天子愛敬四海之内，則得萬國之歡心，以事其先王。諸侯愛敬一國之人，則得百姓之歡心，以事其先君。卿大夫、士、庶人愛敬其家，則得人之歡心，以事其家。自上至下，皆兢兢焉爲子臣弟少之事。雖天子必有父，必有兄，不敢驕溢非法，以亂取亡。是以天下和平，兆民乂安，重社稷，嚴宗廟，守祭祀，保體膚，禮教興行，刑措不用。集天下和睦之氣，升之天祖，尊之至而事天明，親之至而事地察。大孝尊親，嚴父配天，普天率土，各以其職，生民之本盡，死生之義備，是謂大順。大順者，順其性也。夫人藏其心，不可測度也，凡有血氣，必有争心。知者詐愚，勇者威怯，强者凌弱，衆者暴寡，泯泯棼棼，散無友紀，至難治也。而聖人能爲之建極錫福，達禮定分，用人之知去其詐，用人之勇去其怒，用人之仁去其貪，尚辭讓，去争奪，一道德，同風俗者，亦順之而已矣。孟子曰：『天下之言性也，以利爲本。』利者，順也。『禹之行水也，行其所無事也。』教不肅而成，政不嚴而治，何事之有。蓋人之性莫不愛親敬親，故可導之以愛人敬人，所謂順也，非强之使人愛之敬之，乃以各遂其愛親敬親，所謂孝也。人之相與也，譬如舟車然，相濟達也，人非人不濟，馬非馬不走，水非水不流，不仁愛則不能群，不能群則養不足。懷於人者，人亦懷之，出乎爾者，反乎爾者。故古之人爲政，愛人爲大。不能愛人，不能有其身。傷其身，即傷其親。故烹熟羶薌嘗而薦之，非孝也，養也。養可能也，敬爲難；敬可能也，安爲難；安可能也，卒爲難。君子之所謂孝者，愛人以愛其身，愛其身以愛其親。生則親安之，祭則鬼享之。親没而名立，是故有弗言，言思可道；有弗行，行思可樂；將爲善，思貽父母令名，必果。是故居處必莊，事君必忠，莅官必敬，朋友必信，戰陣必勇。是故父之齒隨行，兄之齒雁行，朋友不相踰。又能敬親之朋友，又能帥朋友以助敬也。是故愛人不親反其仁，禮人不答反其敬，有終身之憂，無一朝之患。是故克己復禮，天下歸仁，出門如賓，承事如祭，己所不欲，勿施於人，在邦在家，和睦無怨。是故天子以德教光於四海爲孝，諸侯以保社稷、和民人爲孝，卿大夫以守宗廟爲孝，士以守祭祀爲孝，庶人以謹身爲孝。地以平，天以成，封建以固，井田以均，軍賦以出，學校以修，人才以多，官方以飭，禮俗以成，民氣以樂，冠昏以時，喪祭以嚴，朝聘以尊。處則有備，出則有威。天子守在四夷，諸侯守在四鄰，而天下莫敢有越厥志。是故天子以天下養，天子之祭也，與天下樂之；諸侯之祭也，與境内樂之；卿大夫、士、庶人之祭也，與宗族外姻朋友樂之。是故天子有田以處子孫，諸侯有國以處其子孫，大夫有采以處其子孫，士食舊德之名氏，農服先疇之畎畝，商修族世之所鬻，工用高曾之規矩。其鬼神歆其禋祀，其民人享其土利。是故上好仁而下好義，事有終而財不匱。上之使下，如父兄之畜子弟，耳目之役手足；下之事上，如子弟之衛父兄，手足之捍頭目。開誠心，布公道，集衆思，廣忠益，爲天下得人，以定天下之業，以斷天下之疑，四方有患，必先知之，至明也。作内政，寄軍令，明恥教戰，信賞必罰，將帥協和，少長有禮，説以使民，民忘其死，無事則順治，有事則無敵，至强也。躬行節儉，爲天下先，務才訓農，通商惠工，地無餘利，人無餘力，家給人足，養生喪死無憾，至富也。備物致用，立成器以爲天下利，知者創物，能者世守，博師萬物，精益求精，黄帝用蚩尤之五兵，武王收肅慎之楛矢，通其變，神其化，至巧也。天下即有卒然大患，而上下相親，人心固結。合天下之謀以爲謀，何詐之不破？合天下之力以爲力，何强之不服？天下人人出其財，何用之不足？天下人人竭其巧，何器之不利？天子勞心以拯生民之灾，庶人效死以急君父之難。九年之水、七年之旱不能殺，鬼方之帥、昆夷之患不能病。是故勞勤心力耳目而不必爲己，節用水火財物而不必藏於己。人不獨親其親，不獨子其子，老有所終，壯有所用，幼有所長，窮民有所養，男有分，女有歸，天地位，萬物育矣。此順之實也，孝之至也。故曰：『人之行莫大於孝』，『聖人之德無以加於孝』。蓋聖人者，爲天地生人者也。人非父母不生，亦非君不生，何也？爪牙不足以供嗜欲，趨走不足以避利害，無羽毛以御寒暑。苟無君，焉爲之興利除患、養欲給求？人之類必滅。欲既得矣，飲食則有訟，訟則有衆起，人人有賊人自利之心，横行無忌之勢。苟無君，焉爲之區處條理、勞來鎮撫？人之類亦必滅。故君者，生人之大者也。天下一日無君，則猛虎長蛇人立而搏噬，上下不交而天下無邦，非無邦也，原野厭人之肉，川谷流人之血，邦無人也。聖人取類以正名，而謂君爲父母，謂民爲赤子，赤子離父母而能生者，未之有也。故曰：父者，子之天也；君者，臣之天也。聖人作爲父子君臣以爲紀綱，所以生人也。故孝子事君必忠，君臣之義，與父子終始相維持。天下君君臣臣，而後人人得保其父子，上下各思永保其父子，而後爲君盡君道，爲臣盡臣道。君臣父子各盡其道，則天下相愛相敬以相生養保全，永無奔亡篡奪、生民塗炭之禍，是之謂孝治。夫天下至大也，治天下至難也，一以孝順之，而千萬人之心如一心，以千萬人之性本一性也。能盡其性即能盡人之性，故謂之至德要道。三皇、五帝、禹、湯、文、武、成王、周公未有不由此者，孔子兼包其盛德以爲孝經，而仁覆萬世矣。」

○又案孔子作孝經爲道濟萬世之本，而苟非其人，道不虛行，以曾子有至孝之德，口授之業，問答既畢，筆之爲經。或孝道深大，討論非一日之言，曾子隨時敬録，大義既備，夫子審正其文而定其名。聖賢心心相印，曾子所録既一如夫子本語，又由夫子筆削盡善以成定本，故太史公、鄭君皆以爲孔子作。曾子之學，純乎孝經，故論語所載曾子之言，皆與孝經相表裏。大學論誠意，以一誠貫明明德、親民、止至善，而止至善之實在仁、敬、孝、慈、信，齊家、治國之要在孝以事君，弟以事長，慈以使衆，平天下絜矩之道在使民各遂其興孝、興弟、不倍之願。大戴記立事等十篇，皆推衍孝經之旨。子思本之作中庸，發首言性、道、教，即孝經父子之道天性，因嚴教敬、因親教愛之義；言道不遠人，在子臣弟友，因歷説舜之大孝，武王、周公之達孝，以天下之達道五爲修身立政之本，歸於至誠經綸大經、立大本，以春秋、孝經之義明孔子之德。孟子又本之作七篇，道性善，以孩提愛親、少長敬兄爲人之良知良能，仁義之實。其論舜之至孝，深得聖人之心，足以感發萬世人子之天良。而外書有孝經之目，蓋孟氏之徒闡發孝經之言，此聖學之正傳也。曾子既受孝經，游、夏之徒常稟資，三千子及後學者蓋無不聞其説矣。阮氏福云：「孝經早行於周、秦之間。故蔡邕明堂月令論引魏文侯孝經傳，并引孝經經文『孝悌之至』三十字。續漢書祭祀志注亦引魏文侯傳。呂氏春秋先識覽引諸侯章『高而不危，所以長守貴也』三十八字。不但此也，禮記經解即引孔子曰：『安上治民，莫善於禮』，是孝經文也。」案喪服四制亦引士章、喪親章文。魏文侯受經於子夏，呂覽集當時儒者爲之，漢初陸賈新語亦引開宗明義章文，是雖經秦火，諸侯傳習弗替。迨河間顏貞出其父芝所藏本，長孫氏、博士江翁、少府后倉、諫大夫翼奉、安昌侯張禹傳之，各有説，是爲今文經十八章，蓋孔、曾以來相傳定本。而古文孝經出孔子壁中，二十二章，劉向校書，省除煩惑，定從十八。桓譚新論云：「古孝經千八百七十二字，今異者四百餘字。」意者秦禁時，將孔子所删之餘，零文斷簡，合并藏之，未加分別，致多複重。或後學者傳寫有複雜，故異文如此多，而子政以爲煩惑歟？古文孝經與尚書、禮記等并出孔壁，孔安國惟獻尚書。孝昭帝時，魯國三老始獻古文孝經。建武時，給事中衛宏校之，皆口傳，官無其説。許君叔重始撰具其義，馬融亦爲古文孝經傳，鄭仲師、韋宏嗣皆有孝經注，惜皆亡。孔、曾微言大義，漢師所傳，惟鄭氏注尚可考見崖略。其源流之詳，語在愚所爲孝經學流別篇。

○鄭氏者，先師漢大司農鄭君，名玄，字康成，北海高密人，尚書僕射鄭崇之後。身通六藝，與聖合契，遭世衰亂，安貧娱親，躬耕供養，卓、操擅勢，義不受汚，箋注群經，窮理盡性。其作孝經注，蓋在群經之先，以孝經必童而習之，注文較他注淺顯。後或更加修改而未寫定，弟子未盡傳習，敘録家或佚其目，後人遂多疑難。至阮氏元始舉出郊特牲正義王肅難鄭孝經注一條，陳氏澧曰：「此肅所難，是康成注明矣。」可謂確據。鄭注盛行南北朝時，荀昶集解以鄭爲主。陸澄致疑，王儉正之。至劉炫僞撰古文孔傳，隋及唐初與鄭並行。迨明皇作注，而鄭注與僞孔傳皆微。袁氏鈞云：「崇文總目稱孔注前世與鄭並行，今孔不傳。」陳振孫言鄭注世亦少有。乾道中，熊克、袁樞得之，刻於京口。南宋尚有其書，不知何時佚也。此書以鄭志目録不載，先儒多疑非鄭作。唐開元中劉知幾請行孔廢鄭，司馬貞議謂：「今文孝經注相承云是鄭元，孔傳近儒妄作，與鄭注優劣懸殊，曾何等級？」司馬之言韙矣。萬歲通天初，史承節爲鄭君碑，縣載鄭君所注解，仍有孝經。孔、賈諸疏亦並引用，是當時從鄭注者衆也。六藝論云：「元又爲之注」，是鄭已自言，可信。陸氏作孝經音義據鄭氏解。唐玄宗注襲鄭者，疏必曰：「此依鄭注」。兼他所徵引，尚可十得七八。陸氏疑孝經與康成注五經不同，細案之，實未見其不同也。案孝經注明見後漢書鄭君本傳，范氏世傳鄭學，必無謬誤。鄭君解經多稱注，謂注義於經下，若水之注物。晉中經簿「孝經題鄭氏解」者，或鄭君注孝經在群經前，尚未與他經一例定名，或傳寫本異。要之，此注經緯聖典，感動人心之語甚多，實爲百家之冠，必出鄭君。梁皇侃、唐孔穎達、賈公彦作疏皆疏鄭注，元疏或多祖述其説。今薈萃古今，並抒數十年心得，以發神指。互詳孝經學。

開宗明義章　第一

釋文依鄭注本，章名頂格，今從之。章下次第數目，依唐注本增，旁書以示區别。

釋曰：元氏曰：「開，張也。宗，本也。明，顯也。義，理也。言此章開張一經之宗本，顯明五孝之義理也。章者，明也，謂分析科段，使理章明。説文：『樂歌竟爲一章，章字從音從十。』謂從一至十。十，數之終也。諸書言章者，蓋因風雅，凡有科段，皆謂之章焉。」案漢書藝文志言今文孝經十八章，古文孝經二十二章。隋書經籍志言劉向校經，比量二本，除其煩惑，以十八章爲定。漢書匡衡傳引「大雅曰：『無念爾祖，聿修厥德』，孔子著之孝經首章」，則孝經分章舊矣。但每章之名，不知始於何時。元疏謂子政定從十八而不列名，荀昶集注及諸家並無章名，而孝經緯援神契有天子至庶人五章之目，當時所行鄭注本及皇侃疏皆有章名，蓋諸家或詳或略。竊謂章名於經義甚密合，必七十子之徒所傳。此章注云：「方始發章，以正爲始。」下章注云：「書録王事，故證天子之章。」分章題名，鄭本固然。此第一章總舉大義，餘章廣而成之。元弼嘗撰孝經脈絡次第説云：「孝經大例有二，曰脈絡，曰次第。一經一緯，皦如繹如，其本皆出於首章。首章曰：『先王有至德要道。』德者，愛敬也。愛敬及天下，謂之至德，孝弟是也。道者，所以行愛敬者也。愛敬一人而千萬人説，以興愛興敬，謂之要道，禮樂是也。廣至德、廣要道章明之。曰：『以順天下』，至德要道出於天命之性，不學而能，不慮而知，聖人治天下不别立法，但因人心所固有者而利導之，是以教不肅而成，政不嚴而治。三才章明之。曰：『民用和睦，上下無怨』，民愚而不可欺，賤而不可犯，術馭勢迫，倒行逆施，則怨而以詐相遁，術窮勢竭而禍亂遽起。惟因人心之所同然，順而行之，則合敬同愛而上下安，協智同力而灾禍息，君民一體，父子相保，是謂大順。孝治章明之。曰：『夫孝，德之本也，教之所由生也』，德者，愛敬也；教者，教愛教敬也。至德要道，元出於孝，愛敬之本由於父子天性。因嚴可以教敬，因親可以教愛。聖人推愛親敬親之心以愛人敬人，使天之所生，地之所養，無不被吾愛敬。告成功於天祖，尊之至而事天明，親之至而事地察，不過盡孝之能事。聖治章明之，而感應章申述之。反是則本實先撥，枝葉必傾，悖德悖禮，亂臣賊子以私恩小惠要結徒黨，遂其逆節，將使生民塗炭，積血暴骨，灾害禍亂，莫知所底。是以春秋誅大逆，孝經明大順，皆以絶惡慢之原，立愛敬之本，教自此順生，刑自反此作。聖治章明之，而五刑章極言之。曰：『孝之始，孝之終』，愛親者不敢惡於人，敬親者不敢慢於人，愛親敬親，孝之始，不敢慢惡於人，以保守天下國家身名者，孝之終。天子不毁傷天下，諸侯、卿大夫不毁傷國家，士、庶人不毁傷其身。文、武之道，天下後世爲法，反是則幽、厲之名，百世不改。殷、周有道則長，秦無道則暴，諸侯以下皆然。故孝無終始，而患不及者，未之有。天子至庶人五章明之。不幸而有不能終始於愛敬之道者，則子必争，臣必争，友必争，俾不及於失天下、失國家、失身名之患。諫諍章明之。曰：『夫孝，始於事親』，事孰爲大，事親爲大，守孰爲大，守身爲大，不失其身而能后事其親。紀孝行章明之。事生者易，事死者難，惟送死可以當大事。喪親章特明之。曰：『中於事君』，聖人所以生天下萬世之人者在教孝，而所以使人各保其父子，以遂其孝者在教忠，故資於事父以事君而敬同。事君章明之。盡忠匡救，君臣一體，存亡休戚與同，忠焉能勿誨乎？諫諍章明之。曰：『終於立身』，孝弟忠順之行立，而後可以爲人。君子也者，人之成名。成身則成親，必至立身揚名，而後不敢毁傷者，爲真無所毁傷。廣揚名章明之。孝始於事親則家治，中於事君則天下治，終於立身則萬世賴以治。反是則不事親者，非孝無親矣，不事君者，要君無上矣，不立身者，非聖無法矣。要君、非聖、非孝三者相因，皆不孝之罪。事君、事親、立身，三者備，乃完孝之行。故曰：『夫孝，德之本也』，聖人之德無以加於孝。此孝經之脈絡也。首章言孝之始，孝之終，因陳天子至庶人行孝終始之事，故天子以下五章次之。天子至庶人，皆推愛親敬親之心，以愛人敬人，以保其父祖所傳之天下國家、身體髮膚，有慶無患，孝道之大如此。非聖人强以教人，乃本於乾元坤元，繼善成性，天生烝民，有物有則，所謂道之大原出於天。故三才章次之。聖人則天順民，因性立教，則人人興孝興仁，上下各致其愛敬之實，以興利除害，相生相養相保，不敢有一人之惡慢，以災及其親。故孝治章次之。夫如是，則四海之内，無一物不得其所，升中于天，配以父祖，仁人事天，孝子事親之能事畢，故曰：『君子務本，本立而道生。』聖人盡其性以盡人之性，綏之斯來，動之斯和，致中和，位天地，育萬物，其所因者本。故聖治章次之。聖人愛敬天下之極功，本於愛親敬親，教愛因親，教敬因嚴，孝之大義既畢，乃陳事親守身之節目。故紀孝行章次之。失其身而能事親者，未之聞。孝始於守身，不孝始於忘身，充忘身之極，則無惡不爲。且不愛其親而愛他人，不敬其親而敬他人者，包藏禍心，悖德悖禮，勢必殫殘聖法，無父無君，爲生民大患。聖人愛敬天下，所以不得已而用刑。故五刑章次之。罪莫大於不孝，行莫大於孝，惟孝故順民如此其大，而爲禮之始。聖人以孝弟禮樂爲教，禮之大義，尊尊、親親、長長，而其所以爲教，則躬立爲子、爲弟、爲臣之極，本諸身而徵諸民。故廣要道、廣至德章次之。孝弟忠順之行立，則身修而名自立於後世。故廣揚名章次之。慈愛、恭敬、安親、揚名，孝道備矣，復陳諫争之義，以結天下國家身名，而感應章長言永歎孝弟之至。繼以事君章，亦事父、事兄、事君相次，而喪親章終焉。此孝經之次第也。三才章『則天因地，以順天下』，以天治人也。聖治章『因嚴教敬，因親教愛』，以人治人也。廣至德章『非家至而日見之』，以己治人也。三才章以下三章，由己達之天下，廣要道以下三章，由天下而反之身。聖人立言，從心所欲，左右逢原，從容中道，脈絡分明而往不息，根本盛大而出無窮。學者沉潛反覆，自覺天良發不可遏，一若春陽生乎方寸，而和氣塞乎天地間者，肫肫焉，淵淵焉，浩浩焉，神而明之，存乎其人，存乎德行也。或曰：今之十八章，固孔子之舊次歟？曰：今文相傳無異本，古文簡札有複重雜亂，劉子政以今文正之，不聞先後異序也。其文首尾貫串，如繫辭、中庸，豈有後人更定者哉？」又案孝經言先王以孝順天下之大道，惟天子至庶人五章，以分之尊卑，著德所及之廣狹，餘皆統論大義。上施德教而民則象之，理通上下，非獨如皇氏、元氏所舉首章、紀孝行、諫諍、喪親等四章而已。

仲尼居，曾子侍。釋文。居，如字。

居，居講堂也。釋文。今本釋文兩「居」字作「凥」，涉上引說文而誤，今據陸標經字訂正。

箋云：史遷說：「孔子，字仲尼。曾參，字子輿，孔子以爲能通孝道，故授之業，作孝經。」子曰：「孝經屬參。」陶淵明五孝傳曰：「至德要道莫大於孝，是以曾參受而書之，游、夏之徒常咨稟焉。」「居」，許氏說文解字作「凥」，曰：「凥，處也。从尸得几而止。孝經曰：『仲尼凥』，凥謂閒居。」陸氏曰：「曾子，孔子弟子。卑在尊者之側曰侍。」

釋曰：元氏說：「夫子以六經設教，隨事表名，雖道由孝生，而孝綱未舉，將欲開明其道，垂之來裔。重曾參之孝，因閒居爲之陳說，二句節引，略變其義。建此兩句，以起師資問答之體。」案夫子自標己字者，史記孔子世家稱：「孔子父叔梁紇，母顏氏，禱於尼丘山而生孔子，生而首上圩頂，故因名曰丘，字仲尼。」春秋傳說名子之禮，所謂類命以象，名字相應。經發首稱字，蓋以符聖父類命之意，大孝終身之慕，即此可窺。下稱子者，作經示萬世，故從弟子通稱之號，與易大傳同。曾子亦稱子者，重其秉德傳道，同爲人倫師表也。古者稱師曰子，即夫子之省文，而子亦士大夫之通稱，見禮經甚備。孟子書每章自題孟子，而弟子賢者樂正子、公都子等亦稱子，古書體例固然。春秋之義，字不若子，則聖人秉意各有在，無容泥。且孔子稱字又稱子，曾子稱子又稱名，亦其差。或者曾子本作曾參，如禮運上書仲尼、下書言偃之比，至曾氏之徒子思、樂正子春等乃讀爲曾子，後學傳寫因之。據陶淵明説，此經曾子所書而正定於夫子，則上標師字，以表聖人之作，下書己名，以明親承指授，固其宜矣。子思作中庸，首稱「仲尼曰」，次稱「子曰」，取法於此。夫子之字，本以圩頂象尼丘取義。史記索隱云：「圩頂，言頂上窳也，故孔子頂如反宇。反宇者，若屋之反，中低而四傍高也。」皮氏錫瑞孝經鄭注疏云：「白虎通聖人篇曰：『孔子反宇，是謂尼甫。』説文：『屔，反頂受水丠。』則屔正字，尼假借字。」釋文「尼」又音「夷」，字作「𡰣」，古「夷」字。案，夷，平也。圩頂反宇，表聖人盛德若虚，正平之至。尼丘正字作屔，古書多用假借。尼、夷音近，或又假古「夷」字作「𡰣」，要以作「尼」爲正，毋敢輒書異體。若劉瓛述張禹之義，謂仲者中，尼者和，此蓋當時或後學因夫子有中和之德，就其字而推衍贊美之，遂傳此言，詳中庸通義。説文稱古文孝經作「凥」，正字，今文作「居」，假借字。釋文依鄭本作音，出經「居」字，音如字。而别云説文作「凥」，則鄭注作「居」可知。禮記有仲尼燕居、孔子閒居，對文燕閒别，散則通稱居，皆謂退朝在家，非承祭見賓，安閒之時耳。古者士大夫有正寢，有燕寢，燕寢以居家人，正寢則見賓客行禮之處。夫子講學正在此，故曰講堂。禮，宫室之制，堂中以北，後楣下爲室爲房。或燕居在堂，閒居在室，言講堂則皆統之矣。曾子侍，或獨侍，或有諸弟子並侍，而曾子之席獨近夫子，故夫子與之問答而諸子拱聽，如論語一貫呼參之比。○舊疏稱：「孔子，殷之後，帝嚳子契爲堯司徒有功，封於商，賜姓子氏。後世孫湯代夏爲天子。及周武王代殷，封微子啟於宋。宋閔公有子弗父何，長而當立，讓其弟厲公。何生宋父周，周生世子勝，勝生正考父，爲宋卿，生孔父嘉。嘉别爲公族，故其後以孔爲氏。孔父嘉生木金父，木金父生皋夷父，皋夷父生防叔，避華氏之禍而奔魯。防叔生伯夏，伯夏生叔梁紇，紇生孔子。」案契敷五教，功垂無窮，湯有聖德，微子仁人。弗父讓國，春秋傳稱爲聖人有明德者，漢書古今人表列在第一。正考父三命兹益恭，孔父嘉正色立朝，君亡與亡，叔梁公有勛績於魯。天生聖人於世德之後，秉禮之國，聖人承天立人倫之極，制作六經。忠孝之教，昭示萬世，前人之光，炳乎天地之間，立身行道，顯親揚名，生民以來未之有也。○嘉慶中，嚴氏可均據日本所刊群書治要輯孝經鄭注，義多可疑，今附録每節釋語末，論其得失。此節注云：「仲尼，孔子字。曾子，孔子弟子也。」此學者所共知，各家之通訓。

子曰：「先王有至德要道，以順天下，

禹，三王最先者。釋文。案：語未竟。聖人百世同道。六字取中庸注義補凡鄭注殘句，今深求其意，補綴成文，使初學可以屬讀。恐與原文相混，既於當句下明言幾字補，又狹小其字，加兩線旁，以嚴區别。至德，孝悌也。要道，禮樂也。釋文。

箋云：陸氏曰：「子，孔子也。古者稱師曰子。」曲禮曰：「必則古昔，稱先王。」陸賈新語云：「孔子曰：『有至德要道以順天下』，言德行而下順之矣。」慎微。

民用和睦，上下無怨，女知之乎？」釋文。女，音汝，本或作汝。臧氏庸云：「石台本、唐石經、今本皆作『汝』。岳本作『女』，依釋文改。」

箋云：書鄭説：「睦，親也。」堯典注。禮記鄭説：「上，謂君也。下，謂臣也。」中庸注。春秋傳曰：「上下皆有嘉德而無違心。」

釋曰：先王，先代聖王，自伏羲以至文、武皆是。孝經舊説主禹，鄭君傳其義，詳下。孔子語曾子，言古先聖德之王躬行至極之德，要約之道，以順天下人心而化導之，天下之人用是和親，上而君，下而臣民，無違心相怨者，汝能知其義乎？此數語爲全篇論孝發端。稱先王者，天降下民，作之君，作之師。孔子論孝道，必稱先王，即春秋發首書王之義，以上治下，以聖治愚，以祖宗訓孫子，一出言而法祖尊王之義，昭若揭日月而行，萬世彝倫於是敘焉，此聖人所以爲人倫之至也。至德要道，天地之經，而民是則之，聖人先得民心之所同然耳。有者，有諸己。順者，因其固有而利導之。黄氏道周孝經集傳云：「順天下者，順其心而已，天下之心順則天下順矣。」又云：「至德要道皆本生於天，因天所命以誘其民，非有强於民也。據三才章義。夫子見世之立教者不反其本，將以天治之，故發端於此。」阮氏元云：「孔子志在春秋，行在孝經。其稱至德要道之於天下也，不曰治天下，不曰平天下，但曰順天下，順之時義大矣哉。孝經『順』字凡十見，順與逆相反，孝經之所以推孝弟以治天下者，順而已矣。故曰：『先王有至德要道以順天下，民用和睦，上下無怨。』又曰：『夫孝，天之經也，地之義也，民之行也。天地之經而民是則之，則天之明，因地之利，以順天下。』又曰：『教民禮順，莫善於悌。』又曰：『非至德，其孰能順民如此其大者乎？』是以卿大夫、士本孝弟忠敬以立身處世，故能保其禄位，守其宗廟，反是則犯上作亂，身亡祀絶。春秋之權所以制天下者，順、逆閒耳。魯臧、齊慶，皆逆者也。此非但孔子之恒言也，列國賢卿大夫莫不以順、逆二字爲至要，是以春秋三傳、國語之稱「順」字最多，皆孔子孝經之義也。不第此也，易之坤爲順也，易之稱順者最多，亦孔子孝經、春秋之義也。詩之稱「順」者最多，亦孔子孝經、春秋之義也。聖人治天下萬世，不别立法術，但以天下人情之順逆，敘而行之而已。故孔子但曰：『至德要道，以順天下』也。」案德者，性之德，人受性於天，有仁、義、禮、智、信五德，而孝爲行仁之本，是爲至德。道者，率性之道，天下之達道五，禮之大經，是爲要道。經「至德要道」，語意渾含，鄭以「孝弟」、「禮樂」指實之者，據下廣至德章言孝弟，廣要道章言孝弟、又言禮樂，而統歸於禮。蓋孩提之童無不知愛其親，及其長也無不知敬其兄，孝則必弟，孝弟皆須禮以行之，樂與禮同體。孟子曰：「仁之實，事親是也；義之實，從兄是也；禮之實，節文斯二者；樂之實，樂斯二者。」傳曰：「孝，禮之始也。」大本謂之孝，故曰至德，達道謂之禮，故曰要道。禮之大義，尊尊也，親親也，長長也。人人親其親、長其長而天下平，故民用和睦，上下無怨。先王之治務在和睦無怨，堯典「九族既睦，協和萬邦，黎民於變時雍」，堯之舉舜，「克協以孝」，是以「五典克從，四門穆穆」，周公嚴父配天，四方民大和會，皆以孝順天下、和睦無怨之事。天下治亂，視乎人心聚散，聚則治，散則亂；聚則强，散則弱；聚則富，散則貧；聚則知，散則愚。和睦無怨則聚，怨而不和則散。先王因人心之固有，導之相愛相敬，而天下如一家，中國如一人，各竭其聰明材力，以相生相養相保，莫大灾患，無不弭平，莫大功業，無不興立。是以聖王在上，不言富而天下莫富焉，不言强而天下莫强焉，其所因者本也。唐文治孝經大義序説：「中庸曰：『立天下之大本』，大本者何？孝是也。又曰：『中也者，天下之大本』，喜怒哀樂之未發，藹然悱惻纏綿不可解而已，斯人所以生之機也。故孟子曰：『樂則生矣，生則惡可已也，惡可已則不知足之蹈之、手之舞之。』人子之於父母，繫於悱惻纏綿不可解之天性，故家庭之間，一愛心而已矣，一和氣而已矣。和於家庭而後能和於政治，和於政治而後能和於光天之下，至於海隅蒼生。人情莫不樂生，君子本此悱惻纏綿、不可解之性，擴而充之於萬民，於是和氣滋，生機日暢，而千古之人道，乃不至於滅息。此孝道之大，所以推之四海而準也。孔子曰：『我志在春秋，行在孝經。』孝經、春秋相爲表裏，春秋誅伐天下之亂臣賊子，孝經培養天下之忠臣孝子，甚哉孝道之大也。有子曰：『其爲人也孝弟，不好犯上作亂』，犯上作亂，殺機也。近世家庭之際，日囂日薄，喪失本真，於是恣睢殘忍，殺機日出而不窮。夫殺機多則生機窒，生機窒則人道滅，於是造物遂以草薙禽獮者待之。嗚呼！恫孰甚焉。易傳明訓：『天地之大德曰生』，天下萬世爲人子者，儻能葆此悱惻纏綿不可解之至性，好生之德，洽於寰區。庶幾天下和平，灾害不生，禍亂不作，『孝子不匱，永錫爾類』，經綸天下之大本在是矣。」案陸賈新語云：「德行而下順之者。」簡氏朝亮孝經集注述疏謂：「人性皆善，天下本自順者，以此順之，孟子言『舜之孝，瞽叟底豫而天下化』，是也。天下有不順者，亦以此順之而順，孝弟則不好犯上作亂，是也。」愚謂此節概括六藝先王順天下之道，而歸本於孝，大學之道所在在此，中庸性、道、教之謂謂此。「吾道一以貫之」，孝經之於群經，其猶易六十四卦之有乾元乎？○注云：「禹，三王最先者」，案洪範言鯀陻洪水，彝倫攸斁，禹乃嗣興，彝倫攸敘。賈生言禹以孝立教，天下聖禹而神鯀。當堯之時，天下未平，禹敷下土，民有攸居，然後契爲司徒，教以人倫，故後世禮樂制度，取法虞、夏之際，喪服、祭法悉定自禹。春秋通三統，中庸曰「考諸三王而不謬」，至德要道，百世不與民變革。周因於殷，殷因於夏，三王道同，言禹而湯、文可知。且孝經述禹之道德，而嚴父配天，特稱周公，孔子自謂行在孝經，禮記載子言亦以舜、禹、文王、周公並稱，孟子言天下治亂，特歸撥亂興治之功於禹、周公、孔子，論孔子之功在春秋。三聖同功，春秋、孝經同道，孟子此説，實出二經微言，足明鄭義所本。蓋三皇、五帝開闢草昧之治成於禹，殷、周有道之長，良法美意開於禹，自古天下之治莫勝於堯、舜，而地平天成皆禹之功。自是天子得博施備物，庶人皆得竭力耕田，以盡其孝，故孔子曰：「吾無閒然。」「聖人百世同道」，言禹而堯、舜以上，湯、文以下皆統之。此必古孝經家相傳舊聞，鄭君著之。皇侃、孔穎達、賈公彥皆以孝經爲夏制，又由此推衍。然孝道百王所同，經直稱先王，不指何代，劉炫於孝經好難鄭，若注以先王專指禹，宜在所怪，而炫無言，疑鄭既用舊説，更有足成之語。故今取中庸注補之，學者擇焉。○釋文引下注云：「案五帝官天下，三王禹始傳於子，於殷配天，故爲教孝之始。」此蓋陸氏申鄭語。「於殷配天」，或當做「以父配天」。五帝官天下，禹始傳子，舊義未盡，詳愚所爲禮運説。下又云：「王謂文王也」，此別一義，謂王肅以經先王爲文王，與鄭不同也。嚴氏可均孝經鄭氏解輯並引以附鄭注，失之。或可「王謂」之「王」當作「亦」，約注義，既稱禹而亦兼指文王也。○治要引注云：「以，用。睦，親也。」

至德以教之，要道以化之。是以民用和睦，上下無怨也。」義無違失。

曾子辟席曰：「曑不敏，何足以知之。」釋文。辟音避，注同，本或作避。曑，所材反。案「辟」今本作「避」。據釋文，則注中有「辟」字。「曑」，今本作「參」。辟見釋文。席，離席。三字據禮記注義補。敏，猶達也。儀禮鄉射記疏。釋文。敏，達也。不言鄭云，然則釋文之訓雖不明云鄭，多本鄭義可知。

箋云：曲禮曰：「侍坐於君子，君子問更端，則起而對。」鄭氏云：「離席對，敬異事也，君子必令復坐。」又曰：「長者問，不辭讓而對，非禮也。」鄭氏云：「當謝不敏，若曾子之爲。」

釋曰：凡侍於君子，必見顔色而言。時曾子或獨侍，或與諸子竝侍而最近夫子，見夫子顔色辭氣向己，故避所坐之席，起而對曰：參性不敏，何足以知此至要之義禮。君子問更端起對，此發端，自當起。凡君前臣名，父前子名，師前弟子名，故曾子自名。長者問，皆當辭讓而對，况以大道相授乎？故謙言不敏，以待夫子之訓。夫子語之，以其能通孝道，正其敏也。兩引曲禮者，明聖賢一言一動，無非禮也。「曑本曑星，字从晶，或省作曑。隸變作「參」。阮氏曾子注釋云：「許慎讀『森』若『曾參』之『參』，所林反。晉灼讀『參』爲『宋昌參乘』之『參』。初三反。」古音相近，不假分別。阮氏福云：「曑星取三星相連之義，參取三人同輿之義。其實曑星、參乘皆有三字之義，而三、曑、驂亦皆同音。」案字子輿，義取驂乘，而驂乘之驂，本從曑星、或省之□得聲得義，古多假參字爲之，故曾子名，義取驂而作曑。許君引以明森字之讀也。○治要引注云：

「參，名也。參不達」六字。

子曰：「夫孝，德之本也，釋文。夫音符，注及下同。

夫據釋文，注有此字，今姑屬下讀之。人之行莫大於孝，故爲德本。明皇注。疏云：「此依鄭注。」

教之所由生也。

箋云：韋氏曰：「言教從孝而生。」明皇注。疏云：「依韋。」

復坐，吾語女。釋文。復音服，注同。坐，在卧反，注同。

孝道深廣，非可立終，故令十字補。復坐語之。二字補。據釋文，注有「復坐」二字。今取元疏義，上下共補十二字。

釋曰：「夫」者，承上起下，引申指說之辭。上言至德要道，尚未明指其實。曾子既謝不敏，夫子乃明言之曰：夫孝，德之根本也，聖人以道覺民，教之所從生也。蓋人之行莫大於孝，愛親者不敢惡於人，敬親者不敢慢於人，親親而仁民，仁民而愛物。孝爲百行之本，天性之善，是至德也。率性之謂道，修道之謂教，因嚴教敬，因親教愛，而禮興焉。治人之道莫急於禮，而孝爲禮之始，是要道所從出也。上注以至德爲孝弟，要道爲禮樂。孝弟同體，禮樂同體。孝者，制作禮樂，仁之本；禮樂之所以爲要道者，本於孝。故記曰：「衆之本教曰孝。」子曰：「夫孝，德之本」，明乎其爲至德也。曰「教之所由生」，所謂「本立而道生」，明乎要道生於至德。統言之，則至德要道，一孝而已。教者，禮教也，聖人之教，一禮而已，其本，一孝而已。延叔堅曰：

「夫仁人之有孝，猶四體之有心腹，枝葉之有根本也。」論語言「孝弟爲仁之本」，德之本即仁之本，「本立而道生」，道生即教生。是以孝弟則不好犯上作亂，而天下無不仁之禍，上文所謂「至德要道，以順天下」也。黄氏云：「本者，性也。教者，道也。本立則道生，道生則教立。先王以孝治天下，本諸身而徵諸民，禮樂教化於是出焉。」簡氏朝亮説論語云：「中庸之爲德也，其至矣乎。中庸云：『舜其大孝也與，德爲聖人。』言至德也。孟子云：『堯、舜之道，孝弟而已矣』，孝則必弟。堯舉舜以父頑、母嚚、象傲，克諧以孝。孝該友言，則諸德皆該，故曰德之本也。堯以司徒職試舜，而五典克從。五典者，司徒五教也。孟子云：『父子有親，君臣有義，夫婦有別，長幼有序，朋友有信』，是也。五教必先以父子有親者，本乎孝也。舜身教以孝，則五典能從，而無違教也，故曰：『教之所由生也』。」案五教即天下之達道五，禮之大經，而孝其大本也。左傳以父義、母慈、兄友、弟恭、子孝爲五教，蓋詳於家庭之間，孝弟慈之道。下云：「内平外成」，則五倫皆統之矣。「夫孝」二句，明至德要道之義，先王所以順天下而和睦無怨者，其意已包含，而其道須詳説，故令曾子復坐而語之。語，告也，所語在下。○周禮有至德、敏德、孝德三者相次。黄氏云：「雖有三德，其本一也。」蓋至德、敏德即孝德之推廣造極。以地言，則至德謂聖人博施備物之孝，如堯、舜、文、武、周公、孔子，敏德謂大賢尊仁安義之孝，如曾、閔。直言孝德，則思慈愛忘勞，能養竭力，弗逆弗怠，如穎考叔之錫類，即足以當之。以理言，則孝爲德之本，聖人之德無以加，三德皆本於孝，故孝經以孝爲至德。詳中庸通義。○治要引注云：「人之行莫大於孝，故曰德之本也。教人親愛，莫善於孝，故言教之所由生。」引廣要道章以證教所由生，與上注義合。改民爲人，似出唐人舊本，或此書不盡無據，過而存之，在别其義之是非而已。

身體髮膚，受之父母，不敢毁傷，孝之始也。

父母全而生之，己當全而歸之。明皇注元疏。

箋云：祭義：「樂正子春云：吾聞諸曾子，曾子聞諸夫子曰：『天之所生，地之所養，無人爲大。父母全而生之，子全而歸之，可謂孝矣。不虧其體，不辱其身，可謂全矣。故君子頃步而弗敢忘孝也。』壹舉足而不敢忘父母，壹出言而不敢忘父母。壹舉足而不敢忘父母，是故道而不徑，舟而不游，不敢以先父母之遺體行殆。壹出言而不敢忘父母，是故惡言不出於口，忿言不反於身。不辱其身，不羞其親，可謂孝矣。」

釋曰：自此以下詳語孝道，此兩節舉孝之終始以發其端。下云：「孝始於事親」，孟子説：「不失其身，而後能事其親」，孔子答哀公云：「不能敬身，是傷其親」，故守身又爲事親行孝之始。身，一身也。體，四肢也。髮，毛髮也。膚，皮膚也。舉大小而備言之，慎重懇誠之至也。毁謂虧辱，傷謂損傷。言身體髮膚皆受之父母，不敢稍有怠慢以致毁傷，是孝之始也。蓋子之身，父母之身也，父母生之，劬勞何極。設有毫末之毁傷，父母之心痛怛憂急，甚於身受剝膚。子傷其身，父母並大傷厥心矣。曰「不敢」者，顧念怵惕之至情也。論語云：「父母惟其疾之憂」，又云：「君子懷刑」，又以一朝之忿忘身及親爲惑。孟子言：「君子以仁存心，以禮存心。人待我以横逆，君子必自反，故無一朝之患。」及祭義、哀公問、曾子十篇所言謹身之道，皆不敢毁傷之義。阮氏福云：「孔子爲弟子講學，日以『不敢』二字爲義，孝經十八章，自天子至庶人，凡言『不敢』者九。曾子謹遵孔子之訓，故曾子十篇，凡言『不敢』者十有八。論語曾子曰：『戰戰兢兢，如臨深淵，如履薄冰，而今而後，吾知免夫』，即不敢毀傷之義。」案聖賢學問，帝王事業，皆基於不敢。不敢之心，以事天則小心翼翼也，以事君則夙夜匪懈也，以治民則小人難保，往盡乃心，無康好逸豫也，以治軍則臨事而懼、好謀而成，曰討國人、曰討軍實，而申儆之也。世道衰微，人心思亂，敢於忘親，敢於背君，敢於棄身，敢於縱欲，敢於廢弛暴棄，而生民之禍亟矣。黄氏謂：「毀傷者何，暴棄之謂也，未有暴棄而不至於毀傷者。不敢毀傷則愛親以愛其身，而立身有不能已矣。」若夫殺身成仁，舍生取義，此則立身行道之極，遇變不失其正，非毀傷也。臨大節而不可奪，所以全受全歸，文文山之「而今而後，吾事畢矣」，與曾子之「而今而後，吾知免夫」，得正而斃，一也。○又案不敢毀傷，以此身受之父母，有我身而後能事我親也。故曾子曰：「君子不登高，不臨深，險塗隘巷，不求先焉，以愛其身，以不敢忘其親也。」又曰：「孝子遊之，暴人遠之，出門而使，不以或爲父母憂也。」凡孝子之愛其身，皆以爲親也。世衰道微，驕奢淫逸，放辟邪侈，忘身以貽親憂者，固毀傷之甚。或自私其身，好貨財，私妻子，不顧父母之養，其視屬毛離裏之親，若秦、越之不相屬，其身雖存，其心已死，其貌雖人，其實已禽獸，其爲毀傷尤莫大焉。人孰無良，清夜思之，其亦知寸膚一毛皆何自來乎？

立身行道，揚名於後世，以顯父母，孝之終也。

德行立於己，五字用鄭君戒子書補。父母得其顯譽者也。釋文。「者也」，本誤倒作「也者」，今正。

箋云：祭義曰：「君子之所謂孝也者，國人稱願然曰：『幸哉有子若此。』所謂孝也矣。」哀公問：「孔子曰：『君子也者，人之成名也。百姓歸之，名謂之君子之子，是使其親爲君子也，是成其親之名也已。』」

釋曰：孝子之事親有窮，而事親之心無窮。記曰：「養可能也，敬爲難。敬可能也，安爲難。安可能也，卒爲難。父母既没，慎行其身，不貽父母惡名，可謂能終矣。」故孝以立身揚名爲終，言能直立其身，仰可戴天，俯可履地，殊絶於横生旁折之類，躬行孝弟忠順之道，内實有德，揚名及於後世，以光榮其父母，是孝之終也。皇氏云：「生能行孝，没而揚名，德譽能光榮其父母也。」唐明皇注云：「立身行此孝道，自然揚名後世，光榮其親。」案廣揚名章言孝弟、忠順、理治，是以行成而名立。道即要道，中庸所謂：「君子之道四」，「天下之達道五」，冠義所謂：「孝弟忠順之行立，而後可以爲人。」孝統百行，行道皆以行孝。行道者，立身之實，名所由揚。人情莫不欲其子之賢，故傳曰：「愛子教之以義方」，又曰：「子之能仕，父教之忠。」魯敬姜曰：「斯子也，吾將以爲賢人也。」立身而至於揚名，庶幾不忝所生矣。人無百年不敝之身，身没而名立，則身不没，親亦不没。天之所生，地之所養，無人爲大。名存則身存，身存則親與生我之天、養我之地俱存，故曰：「仁人事親如事天，事天如事親。」孝子成身，人受天地之中以生，其形題直正當天地，立德、立功、立言，則與天地參，故身曰立。萬物皆備於我，盡性踐形，目可極天下之明，耳可極天下之聰，盡其性以盡人之性，則親親之仁、敬長之義，達之天下，忠信篤敬，行乎蠻貊，故道曰行。聖人愛敬天下之心無窮，必使萬世之人永被其愛敬，言爲世法，動爲世道，一舉其名而三綱五常繫焉。故性善必稱堯、舜，而人心皆有仲尼。名存則道存，道存則萬世之天下無弱不可强，無亂不可治。天見其明，地見其光，日月可掩食，而不可損其明，夫是之謂揚名。論語曰：「君子疾没世而名不稱焉」，又曰：「君子去仁，惡乎成名。」易曰：「善不積，不足以成名。」孟子説：「君子有終身之憂，舜人也，我亦人也。舜爲法於天下，可傳於後世，我猶未免爲鄉人，是則可憂。」皆其義。〇黄氏云：「教本於孝，孝根於敬。敬身以敬親，敬親以敬天，不敢毁傷，敬之至也。爲天子不毁傷天下，爲諸侯不毁傷家國，爲士庶不毁傷其身，持之以嚴，守之以順，存之以敬，行之以敏，無怨於天下，而求之於身，然後身見愛敬於天下。身見愛敬於天下，則天下亦愛敬其親矣，故立教者終始於此也。」案孝經推愛親敬親之心，以極于愛敬天下。天下國家之本在身，身受於親，敢不敬乎？不敢毁傷，守身以事親也，立身行道，成身以成親也。孝以不毁爲始，揚名爲終，則非法不言，非道不行，一舉足不敢忘父母，一出言不敢忘父母，居上不敢驕，爲下不敢亂，在醜不敢争。所求乎子以事父，所求乎臣以事君，所求乎弟以事兄，所求乎朋友先施之，不敢不勉；愛日以學，及時以行，不敢不力。教人不敢不誠，涖官不敢不敬，戰陣不敢不勇。君父之憂，生民之患，萬世之名教綱常，四海之内，兄弟之顛連而無告者之身家性命，不敢不引爲己任。如此爲孝，則始乎爲士，終乎爲聖人。天子至庶人皆如此爲孝，則上下各隨其分，以盡其愛敬，内順治而外無敵矣。〇古經傳多以身名並言，易傳於困之三曰：「名辱身危」，正此兩節之反。積惡至於滅身，毁傷之極也，積善而至於成名，行道之極也。鐘氏文烝謂論語「曾子有疾」二章，上章是不敢毁傷之義，下章是立身行道之義，近之。元氏云：「不敢毁傷，闔棺乃止，立身行道，弱冠須明。經言始終，明兩行無怠，略示先後。」案由謹身而至於立身成德，由安親而至於揚名無窮，始終一貫，本無分限也。〇注：「父母得其顯譽」，上有闕文。後漢書載鄭君戒子書云：「顯譽成於僚友，德行立於己志。」本此經義，今據補。「顯譽」二字，兩文相應，亦此注出鄭君之以證。

夫孝，始於事親，中於事君，終於立身。

父母生之，是事親爲始。卌疏作「四十」，依釋文改。強今本釋文作「彊」，臧輯據葉林宗抄本，與疏同。而仕，是事君爲中。行步七十不逮，縣車以上六字，嚴輯依釋文加，審其文義，良是。致仕，是立身爲終也。元疏 案疏云：「鄭君以爲」，是約義，不盡如原文，特識於此，餘可例推。

箋云：太史談說：「夫孝，始於事親，中於事君，終於立身。揚名後世，以顯父母，此孝之大者。夫天下稱誦周公，言其能論歌文、武之德，宣周、邵之風，達太王、王季之思慮，爰及公劉，以尊后稷也。」

釋曰：上言孝之始終，則百行皆已包舉，而移孝作忠，尤人倫之至重。故遂乘其文而歷說之曰：「夫孝，始於事親」，不失其身，則能事其親，孝主於事親也；「中於事君」，資於事父以事君也；「終於立身」，忠孝道備，則百行皆完。幼壯孝弟，耄耋好禮，雖事親已抱鮮民之痛，事君或病膂力之愆，而言行足範彝倫，國人皆有矜式，斯身立而孝成矣。鄭注曲禮、内則以人年終始略論其常。黄氏云：「始於事親，道在於家，中於事君，道在天下，終於立身，道在百世。爲人子而道不著於家，爲人臣而道不著於天下，身殁而道不著於百世，則是未嘗有身也，未嘗有身，則是未嘗有親也。天子之事天，亦猶是矣。詩曰：『我其夙夜，畏天之威，于時保之。』保身之與保天下，其義一也。」案黄氏說通達正大，與鄭義相引申。劉炫以人君無終，顔夭不立爲難，豈知道在百世，即終於立身。經文無所不包，注舉常以該變，焉得禦人以口給乎？太史談以此節與上文合引，并含有下節之意，先漢人説經大義往往如此。下引周公述文王之德以戒成王之詩，聖治章稱：「聖人之德無以加於孝」，特言周公其人，此行孝之極則也。○案孝經言孝，而切切以事君爲訓，曰：「中於事君」，曰：「夙夜匪懈，以事一人」，曰：「資於事父以事君而敬同」，曰：「君取其敬」，曰：「以孝事君則忠」，曰：「父子之道，天性也，君臣之義也」，曰：「爲下不亂」，曰：「要君者無上」，曰：「敬其君則臣悦」，曰：「教以臣，所以敬天下之爲人君者」，曰：「事親孝，故忠可移於君」，曰：「當不義，則臣不可以不争於君」，而結以事君章。蓋君臣者，人治之大，天下一日無君，則弱肉强食，争奪相殺，生民莫得保其父子。故孝經大義，在天子至庶人各盡其愛敬，君明臣忠，上仁下義，以各保其祖父所傳之天下國家、身體髮膚，如此則君君、臣臣、父父、子子而天下大治。故孝子事君必忠，孝弟之人不好犯上作亂，爲仁天下之本，所謂聖法者如此。聖人之所以爲聖人，以其奠安萬世之父子君臣也。亂臣賊子欲致難於君父，必先殫殘聖法。是以往者大慝未作之先，黜周王魯、素王改制之誣説，先已簧鼓鼎沸。豈知春秋討亂賊，孝經明君臣父子大義，聖人至教自相表裏，炳如日星。且孝經言以孝順天下之道，必推本先王，嚴父配天，特稱后稷、文王、周公。中庸述孝經、春秋之義曰：「非天子，不議禮，不制度，不考文」，曰：「吾學周禮，今用之，吾從周」，曰：「憲章文、武」，尊王之義，所以立人倫之極，而維天地之經。布在方策，豈奸逆所能誣？特風俗日非，人心好亡惡定，凶德悖禮之説，横流日甚，胥天下而裂冠毁冕，拔本塞源，浩劫弭天，殺機遍地，不勝爲乾父坤母之赤子憂耳。曰：

「君子反經而已矣」，聚百順以事君親，明聖法可以息邪暴而已矣。○又案事親、事君、立身，三事相維，要君、非聖、非孝，三禍相因。不孝不弟，則本心已死，何惡不爲。事君不忠，則誤國殃民，爲蠻夷寇賊、莠民邪説之先驅。聖道不明，則是非無正，而無父無君，橫行無忌。撥亂反正，匹夫之賤以天下爲己責，在家則敦行孝弟，無忝所生，出則竭至忠以濟國，本博學以爲政，處則守死善道，立言誨人，扶植名教，發人天良，禦灾捍患，庶有萬一之助乎？○注「卌」字即四十之并。盧氏文弨云：「廣韻二十六緝有『卌』字，先立切。引説文云：『數名』，今直以爲四十字。」丁氏晏云：「卌即四十字。隸釋載漢石經論語『年卌見惡』，可證。」案行步不逮，言年衰，執事趨走，力有所不逮也。白虎通致仕篇云：「縣車，示不用也。」注義所本。

大雅云：『毋念爾祖，聿脩厥德。』」釋文。毋音無，本亦作無。案今本作「無」。「爾」，今本作「爾」。隸變筆跡小異。

雅者，正也。方始發章，以正爲始。疏。無念，無忘也。釋文。

箋云：詩毛傳曰：「無念，念也。聿，述。」匡衡上疏曰：「大雅曰：『無念爾祖，聿脩厥德』，孔子著之孝經首章，蓋至德之本也。」

釋曰：孝爲德之本，人所以不敢爲惡以失身，務行道以立身，君臣之義所以能維持天下，使上下和睦無怨者，皆起於不敢忘父母之一念，故引大雅以明之。大雅者，詩體類之一。詩之義有六，而風、雅、頌三者其體類。雅者，正也。正以行政，政有小大，故有小雅、大雅。此詩大雅文王之篇，周公美文王受命作周，以教戒成王也。無念，念也，念則弗忘，故鄭取爾雅義云「無忘」也。爾，爾成王。祖，謂文王也。詩言王可無念爾祖乎，念之則當述脩其德矣。所謂孝者善繼人之志，善述人之事也。推而廣之，凡人皆然。元疏云：「凡爲人子孫者，常念爾之先祖，當述脩其功德」是也。上言事親，此言念祖者，念親則自念祖。萬物本乎天，人本乎祖，念親則念祖，念祖則顧諟天之明命矣。述修祖德，即自成己德而身立道行。惟念故修，祭義云：「一舉足、一出言不敢忘父母」，內則云：「將爲善，思貽父母令名，必果，將爲不善，思貽父母羞辱，必不果。」易傳於蠱之初曰：「意承考也」，於五曰：「承以德也」，皆念而脩之也。夫子引此詩，即先王以至德要道順天下之實據。脩起於念，故稚圭以爲至德之本，念即大學之誠意正心，中庸之思脩身事親。脩即大學之脩身以明明德於天下，中庸之脩身以道、脩道以仁。聖賢之言皆本詩、書古訓也。黄氏說：「詩曰：『商之孫子，其麗不億。上帝既命，侯于周服。』爲人上者，一不敬而墜七世之廟，毀傷一人而毀及百世之宗。君子敬身如敬天，周家三世皆有孝德，乃命於天。紂謂己有天命，謂敬不足行，謂祭無益，謂暴無傷，其道正反。故君子脩德敬身之爲貴也。」案引詩「無念」，與上文言「不敢」神理一貫，黄說深得經恉。○注云：「方始發章，以正爲始」者，諸章引詩，但稱詩云，而首章引文王之詩，獨標大雅，此即春秋大始正本之義。孔子尊周，憲章文、武，周以文王爲太祖，禮樂法度所自出，故春秋：「元年春王正月」，傳曰：「王者孰謂，謂文王也。」孝經首章引文王之詩以證孝德，故曰：「文王既没，文不在兹乎？」文王之道一於正，故易首言元亨利貞，乾元正而天下治。春秋五始，以元之氣正天之端，以天之端正王之政。正其本，萬物理，人君正心，以正朝廷百官、萬民四海。致中和，位天地，育萬物，其大本在孝，大雅所述文王之德教政治是也。大雅者，大正也。大正者，正本也。孝經開宗，當名見義，豈偶然哉。「毋念」，注述經作「無念」，「毋」「無」通，注以「無」釋「毋」也。詩作「無」，左傳文二年趙成子引作「毋」。○治要引注云：「大雅者，詩之篇名。」案大雅是詩之體類，非篇名也。禮記注於國風、大雅等皆無釋，此注與彼不例。又云：「無念，無忘也。聿，述也。脩，治也。爲孝之道，無敢忘爾先祖，當脩治其德矣。」案無忘之訓見釋文，「聿，述」本毛傳，「脩，治」，中庸注同，此數語義無違失。然釋文於「聿」字引爾雅：「循也，述也」，不稱鄭云，似可疑。

天子章　第二

釋曰：首章既舉孝之始終，此以下五章，遂言天子至庶人皆當終始於孝，各隨其分以行愛敬，則能永保其父祖所傳之天下國家、身體髮膚，有慶無患。天子至尊，皇建有極，錫福庶民，故首明之。曲禮說：「君天下曰天子」，表記曰：「惟天子受命於天」，白虎通曰：「天子者，爵稱也。爵所以稱天子者何？王者父天母地，爲天之子也」，又說：「帝王俱稱天子」。案春秋傳曰：「天生民而立之君，使司牧之，勿使失性。」又曰：「天之愛民甚矣。」天子者，天之子。孝子之事親，先意承志，父母之所愛亦愛之，父母之所敬亦敬之。凡父所爲，必奉承而敬行之，不敢不如父之意。天子者，繼天以爲民父母，生天地之所生，愛天地之所愛，使不失其性者也。故天子之孝，必使天覆地載之内，百姓四海盡被其德教，則其所以事親者，即其所以事天也。夫然，故事親如事天，事天如事親，事父孝則事天明，事母孝則事地察，而嚴父配天之禮興焉。全經多言天子以孝順天下之道，而此章其綱要。

子曰：「愛親者，不敢惡於人，釋文。惡，烏路反。注同，舊如字。

不敢二字補。惡釋文。於他人。三字補。據釋文，注有「惡」字。今以此經合聖治章文，上下共補五字。並補下一句六字。

箋云：魏氏曰：「博愛也。」明皇注元疏。

敬親者，不敢慢於人。

不敢慢於他人。補。

箋云：魏氏曰：「廣敬也。」注疏。韋氏曰：「天子居四海之上，爲教訓之主，爲教易行，故寄易行者宣之。」疏。

愛敬盡於事親，而德教加於百姓，形于四海。釋文。形，法也。字又作刑。案「法」當爲「見」，依鄭注爲訓。

形，見。釋文。見，賢遍反，下同。德教流行，四字取感應章注補。見釋文。於四海三字補。釋文云「下同」，則注復有

「見」字。今以經文合之成句。

箋云：形，或爲刑。唐明皇曰：「刑，法也。」

蓋天子之孝也。

蓋者，謙辭。疏。天覆地載，謂之天子。八字依諸侯、卿大夫章注例，用白虎通引孝經緯文補。

箋云：孝經緯曰：「天子孝曰就，言德被天下，澤及萬物，始終成就，榮其祖考也。」疏。

釋曰：首章總舉大義，此以下分陳五孝。語更端，故稱「子曰」。以一「子曰」統五章者，皇氏謂：「明尊卑貴賤有殊，而奉親之道無二」，亦由自上至下，文勢相承也。「愛親者不敢惡於人，敬親者不敢慢於人」，愛敬，孝之至情，禮之所由起。此二句爲全經要旨，五孝通義。言愛其親者不敢憎惡於他人，推愛親之心以愛人，是博愛也。敬其親者不敢怠慢於他人，推敬親之心以敬人，是廣敬也。惟愛親敬親，故能愛敬他人。源之遠者其流長，根之茂者其實遂。愛親者温厚慈祥，視虐戾不仁之事，其心惻隱不忍，如嚮燎之必避，故不敢惡。敬親者慎重恭巽，視怠傲忘身之行，其心怵惕不安，如臨谷之將墜，故不敢慢。且愛人者人恒愛之，敬人者人恒敬之，其身見愛敬於天下，則天下亦愛敬其親。反是而惡人者人亦惡之，慢人者人亦慢之，出乎爾者，反乎爾者，灾及於親矣，故孝子不敢也。聖治章曰：「不愛其親而愛他人者，謂之悖德。不敬其親而敬他人者，謂之悖禮。」與此文反正相明。人，即他人。後章不敢遺小國之臣，不敢侮於鰥寡，不敢失於臣妾，居上不驕，爲下不亂，在醜不争，皆不敢惡慢於人之事。孔子曰：「古之爲政，愛人爲大。」不能愛人，不能有其身。「君子無不敬也」，敬身爲大，不能敬其身，是傷其親，皆與此經同義。愛敬二字爲孝經之大義，六經之綱領。六經皆愛人敬人之道，而愛人敬人出於愛親敬親。愛親敬親，孝之始，不敢惡慢於人，孝之終。禹思天下有溺者，由己溺之，稷思天下有飢者，由己飢之。四海之内有一物不得其所，即天子惡慢之，四境之内有一人不得其所，即諸侯惡慢之，推之卿大夫、士、庶人，於官守職業有一未盡，即惡慢也，即孝無終始，將使患及其身，以及其親也。如此爲孝，敢不敬乎？孝經之義，自天子至庶人，自有生至没身，終始於敬，以盡其愛而已。愛敬非有二義，有惻怛護惜之心，必有慎重孰勉之意。父母之於子，愛之至也，惟其至愛，故扶持保抱，顧復拊畜，心誠求之，不知勞瘁，如執玉，如奉盈，所謂敬也。反而思之，愛敬可知矣，擴而充之，愛敬無窮矣。愛親者不敢惡於人，敬親者不敢慢於人，五孝所同，而天子者，立愛敬之極者也，故首發之。「愛敬盡於事親」以下，乃專言天子之孝。盡，盡其道也。德者，愛敬也。教者，教愛教敬也。加，猶施也。百姓，中國百族庶民也。形，見也。後章云：「光於四海」，書云：「光被四表」，皆形見之義。或作「刑」，訓法。形見則遠方皆法之，感應章注云：「德教流行，莫不被義從化」，義相引申。愛敬盡於事親，凡行孝者皆當然，而天子以百姓四海爲一體，則其所以盡愛盡敬者，必深篤至極，而後心德之普施，身教之錫類，能無遠弗届。且天子之孝，以天下養，得萬國之歡心，以事其先王，必至四海皆被其德，化其教，而後事親之愛敬乃無不盡。孟子稱：「老吾老以及人之老，幼吾幼以及人之幼」，推恩足以保四海。禮運稱：「老有所終，壯有所用，幼有所長，鰥寡、孤獨、廢疾者，皆有所養。」此德之加於百姓，形于四海也。大學稱：「上老老而民興孝，上長長而民興弟，上恤孤而民不倍。」孟子稱：「舜盡事親之道，而天下化」，又稱：「西伯善養老，制其田里，教之樹畜，導其妻子，使養其老。文王之民，無凍餒之老者。」傳稱：「文王之朝，士讓大夫，大夫讓卿。其野耕者讓畔，行者讓路，班白不提挈。」此教之加於百姓，形于四海也。愛敬之大，天覆地載，無所不包，蓋天子至孝然也。黄氏云：「天子者，立天之心。立天之心，則以天視其親，以天下視其身。以天視親，以天下視身，則惡慢之端無繇而至也。愛敬盡於事親，而惡慢消於天下，惡慢不生，中和乃致。」故愛敬者，禮樂之本，中和所繇立也。愚謂天子以天下爲體，惟天惟祖宗全付有家，百姓有過，在予一人，四方有敗，必先知之。凡養民、理財、用人、治兵，周官六典，中庸九經，皆天子德教之實，必使百姓四海，人人被其愛敬之德，人人順其愛敬之教，皆愛親敬親以相愛相敬，合敬同愛，備物致用，足食足兵，無敵順治，而後全受天祖者，爲無所毁傷，而後一人有慶無患，否則秦、隋之暴固惡慢，周末之衰亦惡慢矣。天子者，以一人之心力，庇萬萬生靈之身家性命者也。故孝經言治天下之道在順，而所以順之者在敬，即易乾、坤之義，終日乾乾，自强不息，所以萬國咸寧，保合大和，君健而天下順也。上章云：「夫孝，德之本，教之所由生。」析言則德行於己，教施於人，統言則謂以德爲教。韋氏云：「天子爲教訓之主。」謂君子之德風，小人之德草。天子愛敬盡於事親，則於天下之人無不愛、無不敬，而百姓四海皆化其德教，各愛親敬親，以相愛相敬矣。故愛敬爲上下通義，而於天子章宣之，義大同。○皇氏云：「愛敬各有心跡，烝烝至惜，是爲愛心，温凊搔摩，是爲愛迹。肅肅悚悚，是爲敬心，拜伏擎跪，是爲敬迹。」案愛敬皆至情内結而發於外，所謂誠也。孔子告子遊、子夏以敬養色難，皆使愛敬合一，以致其誠。內則說：「子婦適父母舅姑之所，下氣怡聲，問衣燠寒，疾痛疴癢，而敬抑搔之。出入，則或先或后，而敬扶持之。問所欲而敬進之。」惟愛之至，故無不敬，推此以及人，愈懇誠則愈慎重。阮氏釋敬曰：「古聖人造一字，必有一字之本義，本義最精確無弊。敬字从苟从攴，苟篆文作苟，音亟。非苟音狗。也。苟，即敬也，加攴以明擊敕之義也。警从敬得聲得義，故釋名曰：『敬，警也，恆自肅警也。』此訓最先最確。蓋敬者，言終日常自肅警，不敢怠逸放縱也。故周書謚法解曰：『夙夜警戒曰敬。』虞翻易逸象曰：『乾爲敬。』易曰：『君子終日乾乾，夕惕若厲。』書曰：『節性惟日其邁。』日邁者，日乾乾也。」周書以無逸名篇，國語敬姜論勞逸之義，爲千古至言，孔子歎之，此敬姜之所以爲敬也。敬字古訓，以肅警無逸爲義，凡服官之人、讀書之士當終身奉之。」案愛立於敬，孝經言「不敢」，即敬字之義。愛敬一出於誠，事親之道乃盡，否則反諸身不誠，不順乎親矣。愛敬者，誠意、正心、脩身，聖學之基，齊家、治國、平天下，王道之所自出也。○又案孟子言：「天子不仁不保四海，諸侯不仁不保社稷」云云，正發明五孝之義，所謂孝無終始，患及其身也。孝經於諸侯以下，皆著然後能保守之文，見反是即不能保守。於天子獨不然者，諸侯以下之不保，或由於上之削黜，天子則至尊無上。當時王室衰微，天下乖戾，無君君之心。聖人志在尊王，故總著其義於後，而深没其文於此，所以辨上下，定民志，即春秋書王以制叛亂之義。所謂「春秋作而亂臣賊子懼」，「春秋天子之事」，於此見矣。○釋文：「惡，烏路反，舊如字。」舊，謂陸氏以前舊音。善惡之惡，好惡之惡，本一義引申，一聲相轉，陸氏始詳别之。「形于」之「于」，各本皆同，感應章「通于神明」二句，亦上作「於」，下作「于」。

依孝經、論語字例，當並作「於」。臧氏謂「于」字乃涉詩「刑于」之文誤改，庶人章疏作「加於百姓，刑於四海」，當據以訂正。然經文用字，容有錯出，不敢輒改。注云「蓋者，謙辭。」謂謙若不敢盡之辭。○治要引注云：「愛其親者，不敢惡於他人之親。」又云：「己慢人之親，人亦慢己之親，故君子不爲也。」案經言不敢惡慢於人，非言不敢惡慢於人之親。凡人皆不敢惡慢，則人之親自在其中，如所引注，義轉狹矣。皮氏謂注足經義，然經文自足，何待付贅。此蓋因紀孝行章釋文出注「不敢惡於人親」一語，衍一「親」字，致此誤耳。又云：「盡愛於母，盡敬於父。」案經凡言親者，皆兼指父母。聖治章疏以舊注「愛敬」分屬父母爲失，若鄭注此章先已云爾，元氏早當駁之。士章「資於事父以事母而愛同」，非敬專屬父，愛專屬母也。又云：「敬以直內，義以方外，故德教加於百姓也。」案文言二語，與此經各自爲義，鄭以經證經，從未有如此牽合者，此數條殊可疑。又云：「形，見也。德教流行，見四海也。」此則義理允當，與釋文及感應章注並合。若皆如此，則信原文矣。

甫刑云：『一人有慶，兆民賴之。』

甫刑，尚書篇名。六字用表記注補。引譬連類，文選孫子荊爲石仲容與孫皓書注　釋文作「引辟」，云：「或作譬，同。」引類得象。書録王事，故證天子之章。疏云：「鄭注以書録王事，故證天子之章以爲引類得象。」嚴氏合諸選注所引，連綴如此，雖未盡如原本，要於文義爲順，今從之。億萬曰兆，天子曰兆民，諸侯曰萬民。五經算術上　嚴云：「甄鸞引此但云孝經注，知鄭注者，隋經籍志云：『周、齊唯傳鄭氏。』」

箋云：詩毛說：「一人，天子也。下武傳。慶，善。皇矣傳。」禮記孔氏說：「天子有善，民皆蒙賴之。」緇衣疏。

釋曰：引書以證天子之孝。元氏云：「慶，善也。言天子一人有善，則天下兆庶皆倚賴之。」案一人有善，即愛敬盡於事親也。由是愛敬之德包含遍覆，愛敬之教淪浹廣被，百姓四海無不得其所，故兆民賴之。元氏又云：「舊說：天子自稱予一人。言我雖處上位，猶是人中之一，謙也。臣人稱之惟言一人，言四海之内惟一人，尊稱也。」案一人之善，为兆民所賴，極見爲天下君者所繫之重。「慶」訓善，亦訓福。黄氏云：「易曰：『來章有慶譽，吉。』慶譽，皆孝也，皆福也。天子以孝事天，天以福報天子，兆民百姓則其膚髮也，又何不利之有。」孝經各章皆引詩，此獨引書，且特見「刑」字者，祭義云：「樂自順此生，刑自反此作。」阮氏福謂：「『一人有慶』二句，本言德言順之正語，但引篇名而見刑字，則寓有反是之義。」反與順相對，堯典所云堯、舜之道，以孝德治天下而生其順者。尚書載吕刑者，古天子不得已作刑而制其反者。五刑章「五刑之屬三千，莫大於不孝」，即反言不順之義，正與此引甫刑之義顯然相證。案當時王室道衰，亂賊横行，孝經於天子章特引書甫刑，蓋見尊王以制叛亂之義。且甫刑雖言刑辟，而其辭哀矜惻怛，不勝恤刑之仁，與康誥相類。春秋之末，天子微弱，陪臣放恣，德教無聞，刑肅俗敝，上失其道，民散久矣。夫子欲變魯尊周，使天子德教光於四海，而兆民無即於刑，正與甫刑恤刑之意相合。刑者，起於人心之相惡慢，以孝德化之，則惡慢盡消，而刑可措矣。首章引大雅，此章引書，而特稱甫刑，皆有精義。餘章通引詩，則惟取其語意相當而已。甫刑，書作吕刑，此經及禮記引甫刑語，皆在吕刑篇，是甫即吕。考周語太子晉說，天祚禹以天下，賜姓曰姒，氏曰有夏，祚四嶽國，賜姓曰姜，氏曰有呂。韋注謂堯封禹於夏，封四嶽於呂。説文呂下云：「大嶽爲禹心呂之臣，故封呂侯。」詩毛傳謂四嶽之後，於周有申、有甫、有齊、有許。然則呂國之封，在唐、虞之際，歷夏、商至周。書稱惟呂命，則穆王命時猶爲呂侯。某氏傳云：「後爲甫侯，故稱甫刑。」孔疏云：「崧高，宣王詩，云『生甫及申』，揚之水，平王詩，云『不與我戍甫』，明子孫改封爲甫侯。穆王時未有甫名，稱甫刑者，後人以子孫國號名之。如叔虞初封唐，子孫封晉，而史記稱晉世家也。」案孔疏雖據僞傳推説，然不聞馬、鄭有異義，則古説同矣。書本稱呂刑，後以呂改甫，或從後王更定之名稱甫刑。度孔子時，篇名傳寫已非一本，故序書據當時史官本稱呂，而孝經、禮記引書從後定國名亦稱甫，亦以見侯國名號沿革，惟時王之命也。其後書家古文作呂，今文作甫，於理並合。緇衣疏引鄭孝經序云：「春秋有呂國而無甫侯。」蓋謂詩有甫無呂，春秋内外傳屢稱申、呂而無甫，明或據定號，或仍初名，其實一也。○黄氏云：「賈生曰：『三代之禮，天子春朝朝日，秋暮夕月，所以明有敬也。春秋入學，坐國老，執醬而親饋之，所以明有孝也。行以鸞和，步中采齊，趨中肆夏，所以明有度也。其於禽獸，見其生，不忍見其死，聞其聲，不忍食其肉，故遠庖廚，所以長恩，且明有仁也。食以禮，徹以樂，失度則史書之，工誦之，三公進而讀之，宰夫減其膳，是天子不得爲非也。明堂之位曰：「篤仁而好學，多聞而道慎，天子疑則問，應而不窮者，謂之道。道者，道天子以道者也，常立於前，是周公也。誠立而敢斷，輔善而相義者，謂之充。充者，充天子之志也，常立於左，是太公也。潔廉而切直，匡過而諫邪者，謂之弼。弼者，拂天子之過者也，常立於右，是召公也。博聞而强記，捷給而善對者，謂之承。承者，承天子之遺忘也，常立於后，是史佚也。故成王中立而聽朝，則四聖維之，是以慮無失記，而舉無過事。殷、周之所以長久者，以其輔翼天子有此具也。及秦而不然，其俗固非貴辭讓也，所尚者告訐也；固非貴禮義也，所尚者刑罰也。故趙高傅胡亥而教之獄，所習者，非斬劓人，則夷人之族也。故今日即位而明日射人，忠諫者謂之誹謗，深計者謂之妖言，其視殺人若刈草菅。然豈胡亥之性惡哉？其所習道之者非其理故也。」存亡之變，治亂之機，其要盡在是矣。天下之命，縣於太子。太子之善，在於蚤諭教與選左右。夫胡越之人，生而同聲，嗜慾不異。及其長而成俗也，絫譯而不能相通。臣故曰選左右、蚤諭教最急。夫教得則左右正，左右正則太子正，太子正而天下定矣。書曰：『一人有慶，兆民賴之』，記曰：『一人元良，萬邦以貞』。』賈生之言，於愛敬之義近矣。」案殷、周所以長有道者，念祖脩德，以博愛廣敬於天下也。秦所以速亡者，有天下而恣睢，肆行惡慢，不顧其身將無所容於四海，而七廟隳也。天子者，代天地爲民父母，以愛敬之心，生養保全萬萬生靈者也。五帝官天下，三王家天下，時勢不同，而由愛親敬親之心，推恩以保四海則一也。周以前封建，漢以後郡縣，制度不同，而愛敬必治，惡慢必亂，則一也。三代以後，中國非統於一不能定，而惟不嗜殺人者能一之。愛敬，生德也；惡慢，殺機也。立愛立敬自親始，所以普天地生生之德於無窮也。天下非定於一，不能拯兆民弱肉强食爭、奪相殺之患；非本愛親敬親以博愛廣敬，不能深塞惡慢之原，使天下長定於一，而與兆民同和親、安平、康樂之慶。故天子之孝，四海兆民之所託命也。○「甫」，治要作「吕」，誤。引注云：「吕刑，尚書篇名。一人，謂天子。天子爲善，天下皆賴之。」義無違失。

諸侯章　第三

釋曰：元氏云：「次天子之貴者，諸侯也。釋詁云：『公侯，君也。』不曰諸公者，嫌涉天子三公也，故以其次稱，猶言諸國之君也。」案侯有候伺之義，蓋侯伺人心順逆，四方之敗，以翰藩天子，安輯民人也。此以下四章，皆蒙上章「愛親者」二句之文。諸侯不驕不溢，卿大夫非法不言，非道不行，士忠順不失，庶人謹身，皆由愛親敬親，以不敢惡慢於人也。且此在上不驕，雖主邦君，而後章居上不驕，天子亦在其中，制節謹度，雖據侯國，而謹身節用，庶人亦同此理。是知五孝義相本通，特分有尊卑，故其愛敬所保守有大小耳，前章疏引梁武帝説是也。〇又案封建之制與天地俱起，漢書刑法志曰：「夫人宵天地之貇，懷五常之性，聰明精粹，有生之最靈者也。爪牙不足以供耆欲，趨走不足以避利害，無毛羽以禦寒暑，必將役物以爲養，任智而不恃力，此其所以爲貴也。故不仁愛則不能群，不能群則不勝物，不勝物則養不足。群而不足，争心將作。上聖卓然先行敬讓博愛之德者，衆心説而從之，從之成群，是爲君矣，歸而往之，是爲王矣。」案從之成群是爲君，此諸侯之所由起也；歸而往之是爲王，此天子之所由立也。聖人既以愛敬之德，爲天下衆群所歸往，於是就其群之長，别其賢之大小而等差之，使各盡其愛敬，以君其群。而愛敬之本，出於愛親敬親；愛敬之道，必極於人人相愛相敬，以各遂其愛親敬親。天下君臣定，而後强不犯弱，衆不暴寡，人人各保其父子，上下各思永保其父子，則爲君盡君道，爲臣盡臣道，而可使世世皆賢。故有天下有國有家者，傳子之法，出於天理之自然，人情之大順。其在天子，則黄帝、顓頊之等，子賢而傳之，經也。堯、舜以子不肖不可傳，别求天下之賢人而傳之，權也。傳賢至難，非子不甚賢，而所傳之賢功德久著，則天下仍歸其子，故禹傳益而天下歸啟。及夏之衰，人心已薄，盜賊多有，天下鑒於羿、浞糜爛生民之禍，傳子之法，遂永永不易，以息天下之争。先王懼繼世或不象賢，故著胎教之戒，重保傅之教，抗世子之法，隆入學齒胄之禮，立師保疑丞，設諫鼓謗木，愓以先王之訓，使顧諟天之明命，凡以養成天子愛敬之德也。其在諸侯，則上古社稷五祀之官，重黎、羲和之職，皆歷累朝，世濟其美。天子於諸侯，凡篤於仁義，奉上法，勤恤民隱，不忝厥祖者，則有慶，否則有讓。五載巡狩，三載考績，群后述職，三公黜陟，侯伯監之，行人書之，俾小大庶邦，無敢失道越命以自覆。故諸侯早諭教、選左右之制與天子同，所以養成君德，使能世守宗祧，以與天子分愛敬天下之任也。故天子之孝，即天子之所以事天，而兆民賴之。諸侯之孝，即諸侯之所以事天子，而一國賴之。推之卿大夫、士、庶人之孝，皆其所以事君，而官守身家賴之。此忠孝同理，天下所以大順也。周衰，天子微，諸侯驕溢虐民，亡絶奔走不可勝數。而封建良法，至秦遂廢。然後世監郡縣之吏，猶古之諸侯也。漢之良二千石，猶古賢諸侯也。漢以來或謂封建宜復，或謂復封建啟天下争，必不可。然如孝經之義，有天子在上，以博愛廣敬、順治天下，知人安民，則封建可也，郡縣亦可也。諸侯之制，有時而變，諸侯之孝，則凡有土地人民之責者，不可須臾離也。此孝經之所以爲經也。

在上不驕，高而不危；

在上，故高。不驕，則雖處高位不至十三字補。上四字用易系辭傳虞注，下九字取疏義。危殆。釋文。

制節謹度，滿而不溢。

費用約儉，謂之制節。慎行禮法，謂之謹度。無禮爲驕，奢泰爲溢。注疏　釋文有首末二句。

高而不危，所以長守貴也；滿而不溢，所以長守富也。富貴不離其身，釋文。離，力智反，注同。然後能保其社稷，而和其民人。

離，據釋文則注有「離」字。猶去也。三字用鄭易漸卦象傳注補。社謂后土。周禮封人疏，禮記郊特牲正義引王肅難鄭，稱孝經注云：「社，后土也。」下又云「句龍爲后土」云云，係王肅語。嚴氏連引「句龍」句，誤。稷，原隰之神。五字據郊特牲正義引鄭駁五經異義補。薄賦斂，省徭役，釋文。故民人和悦。五字用皇侃説補。

箋云：後，本作后。孝經説説然後曰：「后者，後也。」儀禮鄉射禮注。

蓋諸侯之孝也。

列土封疆，謂之諸侯。周禮大宗伯疏釋文。列土封疆，字又作畺，同。居良反。臧云：「葉抄釋文云『字又作彊』，則所標「封疆」字當做「畺」。」

箋云：孝經緯曰：「諸侯行孝曰度，言奉天子之法度，得不危溢，榮其先祖也。」疏。漢敕曰：「親親之恩，莫重於孝，尊尊之義，莫大於忠。故諸侯在位不驕，以致孝道，制節謹度，以翼天子，然後富貴不離於身，而社稷可保。」漢書宣元六王傳。說苑曰：「高上尊賢，無以驕人，聰明聖智，無以窮人，資給捷速，無以先人，剛毅勇猛，無以勝人。不知則問，不能則學。雖知必質，然後辨之，雖能必讓，然後爲之。故士雖聰明聖智，自守以愚，功被天下，自守以謙，勇力距世，自守以怯。此所謂『高而不危，滿而不溢』者也。」敬慎。呂氏春秋說楚雞父之敗曰：「凡持國，太上知始，其次知終，其次知中，三者不能，國必危，身必窮。孝經曰：『高而不危，所以長守貴也。滿而不溢，所以長守富也。富貴不離其身，然後能保其社稷而和其民人。』楚不能之也。」先識覽。

釋曰：此明諸侯之孝。元氏說：「諸侯在一國臣民之上，其位高矣，高者危地，若不以貴自驕，則雖處高位，不至傾危。富有一國之財，其府庫充滿矣，若制立節限，慎守法度，則雖滿而不至盈溢。滿，謂充實。溢，謂奢侈。貴不與驕期而驕自至，富不與侈期而侈自來，故戒之。」案驕者，矜高。制節，謂制財用之節。謹度，謂謹政事之度。溢，謂泛濫以至傾覆。在上之失莫大於驕，後章云：「居上而驕則亡」，大學云：「君子有大道，必忠信以得之，驕泰以失之。」驕則敢於惡人慢人，而欲敗度縱敗禮矣。易曰：「亢之爲言也，知進而不知退，知存而不知亡，知得而不知喪，三者不知，則三者及之矣。」此驕而危也。又曰：「君子安而不忘危，存而不忘亡，治而不忘亂，是以身安而國家可保也。」此不驕而免於危也。高所以致危者由驕，故在上不驕，則雖高而不危。元氏謂：「爲國以禮，不陵上慢下，則免傾危」是也。不驕所包甚廣，制節謹度，其大目也。節，如竹之有約，如四時之有氣候，裁制之使各適其宜。王制稱：「五穀皆入，然後制國用，量入以爲出，三年耕必有一年之食，九年耕必有三年之食，以三十年之通，雖有凶旱水溢，民無菜色。」哀公問稱：「君子以其所能教百姓，節醜其衣服，卑其宫室，車不雕幾，器不刻鏤，食不二味，以與民同利。」大學稱：「生之者衆，食之者寡，爲之者疾，用之者舒。」皆制節之義。度，謂立政施事當然之則，如物之有丈尺，謹守之使無過差。皇氏云：「謂宫室車旗之類，皆不奢僭。」案王制説：「天子巡守，命太史陳詩，以觀民風，命市納賈，以觀民之所好惡，命典禮考時月定日同律，禮樂制度衣服正之。山川神祇有不舉者爲不敬，不敬者君削以地。宗廟有不順者爲不孝，不孝者君絀以爵。變禮易樂者爲不從，不從者君流。革制度衣服者爲畔，畔者君討。有功德於民者，加地進律。」孟子稱：「入其疆，土地闢，田野治，尊老養賢，俊傑在位，則有慶。土地荒蕪，遺老失賢，掊克在位，則有讓。」凡此皆天子所制之度，而諸侯當謹守以保民者。詩曰：「質爾人民，謹爾侯度，用戒不虞。」又曰：「歲事來辟，勿予禍適，稼穡匪懈。」傳曰：「凡我造邦，無從匪彝，無即慆淫。」皆謹度之義。制節謹度，則無敢縱欲越分，故雖處盛滿之勢，而不至氾溢横決。凡滿者易溢，無節度則奢侈放恣，必至貨悖而出，坊壞而潰。處滿能戒，則自不溢。經以「危」與「溢」對，注以「溢」與「驕」並釋者，惟奢泰放溢，故致氾溢横決，其爲溢一也。經「在上不驕」與「制節謹度」，語若相對，而實相承。蓋在一國臣民之上，則自有一國之財，以立一國之事。不驕則克己復禮，而萬事之節度由此出。皇氏以爲互文，蓋義理文勢之自然，意自互見也。易曰：「君子終日乾乾，夕惕若厲。」此在上不驕之極則也。書曰：「文王不敢盤于遊田，以庶邦惟正之供。」此制節謹度之極則也。不驕即論語所謂敬信，制節謹度，即節用敬事。易曰：「節以制度，不傷財，不害民。」傷財必至於害民，制節則自能愛人，謹度則使民以時在其中矣。且制節者，儉約，非吝嗇。若不務勤民利事，而吝於施惠，則蘊利生孽，多藏厚亡，亦溢而已矣。書堯典首欽，鄭君曰：「敬事節用謂之欽。」堯以大聖爲天子，其德無以加於此，而况諸侯，敢不務乎？聖人之言通徹上下，特德有安勉，用有大小耳。「高而不危，所以長守貴」以下，承上文而言其效，明諸侯之孝，所以必在不驕、制節也。高而不危，則能爲天子安民，而民與同安，所以得長守其貴也。滿而不溢，則能爲天子利民，而民與同利，所以得長守其富也。富貴不離去其身，然後能保其社稷之祀爲之主，而和協其民人，生則以一國之富養，没則得百姓之歡心，以承祭祀，是蓋諸侯之孝也。詩云：「宜民宜人」，析言則民謂凡民，人謂居官者，統言則皆謂民，疊字稱之。元氏云：「經上文先貴後富，言因貴而富也。下覆之，富在貴先者，此與易『崇高莫大乎富貴』，老子云：『富貴而驕』，皆隨便言之。」案富貴通語，前文先貴後富者，此章以「在上不驕」發端，承高與滿之文爲先後耳。且古貴者始富，阮氏福云：「富非多金之謂。富者，備也，福亦備也。備者，如邑田、宮室、宗廟、祭器、祭服、車馬、干戈、琴瑟皆備也。若賤者，安得有宗廟器服哉？」其説亦是。引漢敕者，此用經文最合本義。黄氏云：「諸侯受命於天子，天子受命於天。故天子之於天，諸侯之於天子，其事之，皆如子之事親也。周頌曰：『來見辟王，曰求厥章』，言其制度出於天子，非諸侯所得自與也。夫以天子不敢惡慢於人，以諸侯而驕溢，則戕適隨之矣。諸侯之有耕籍、蠶桑、泮宫、庠序、宗廟、社稷、人民，道皆侔於天子，其稍殺者，謹節之耳。諸侯而不謹節，猶支庶之子僭濫於父祖也。商頌曰：『不僭不濫，不敢怠遑』，是則庶乎可言愛敬者矣。」次引説苑者，此就諸侯不危不溢之義而引申之。荀子宥坐篇孔子説敧器曰：「惡有满而不覆者哉。」又説持满之道，爲説苑所本。引吕覽者，此周末人引孝經以明事。阮氏福云：「此可見孔子以春秋、孝經相爲輔教之義。如知孝經不危、不溢、保和之義，則無雞父之戰不保之危矣。凡春秋二百數十年中，諸侯、卿大夫、士之不保社稷、祭祀、禄位者，皆可以此推之。」愚謂楚之敗於吴，實敗於囊瓦爲政，貪惏無藝，讒慝宏多，綱紀廢弛也。自攜其民，内政不修，則輕敵固亡，畏敵亦亡。國家閒暇，及是時明其政刑，雖大國必畏之。文王卑服，即康功田功，不敢盤于遊田，而伐昆夷。齊桓公作内政而霸諸侯，衛文公大布之衣，大帛之冠，務財訓農，通商惠功，敬教勸學，授方任能，而克邢、狄。越王勾踐早朝晏罷，生聚教訓，而沼吴。易亡爲存，轉弱爲强，未有不自不驕不溢始者。若不能實事求是，勤民恤功，整飭吏治，固結人心，備豫兵食，而徒爲緩敵苟安之計，則敵見我之無志無用，必吞噬無餘而後已。六國之滅於秦，職是故也。富貴社稷民人之保與不保，不視乎敵勢之强弱，邦交之善否，而視乎人君敬怠義欲之一心。吏治之善惡，君心之敬怠轉移之。民生之肥瘠，君心之義欲消息之。敬勝怠者吉，怠勝敬者滅，義勝欲者從，欲勝義者凶。凡事不强則枉，不敬則弗正。强者弗滅，敬者萬世。在上不驕，敬勝怠也，制節謹度，義勝欲也。戰戰兢兢，自强不枉，然後能保其富貴以事其先君。聖人非教在上者私其富貴也，有天下有國者之富貴，萬萬生靈之身家性命繫焉。故鄭人有棟折榱崩之懼，豳詩有覆巢破卵之憂，君民一體也。○「不離」，臧氏因釋文音力智反，謂「不」字衍。不知「附離」之「離」與「離去」之「離」，皆有力智反之音，中庸「不可須臾離」，陸亦音力智反，臧説非。「然後」，據禮注引孝經説，則經各章「然後」字皆當作「后」，今本係後人用訓詁字代之。注云：「社謂后土」，補云：「稷，原隰之神」者，鄭義社爲五土之總神，稷爲五土中原隰之專神。祭社以句龍配。祭稷，夏以上以柱配，商以來以棄配。句龍生爲后土之官，殁而配食於社，後人遂謂后土爲社。左傳云：「后土爲社」是也。又轉謂社是后土，社是土神，后是尊稱。故左傳云：「君履后土而戴皇天。」中庸云：「郊社之禮，所以事上帝」，注云：「社祭地神」，不言后土，省文。諸經言社，注訓爲后土者，皆謂地神，非后土之官也。五土皆生物，而原隰主生百穀，稷爲穀之長，故以名其神。諸經言稷者，皆謂原隰生穀之神，而后稷特其配耳。或曰：注云：「社謂后土」，據所配而言，其所祭之主則地神，孔、賈禮疏論之詳矣。注又云：「薄賦斂，省徭役。」此民人所以和。上之所取，財盡則怨，力盡則叛。中庸曰：「時使薄斂，所以勸百姓也」，惟不驕不溢者能之。云：「列土封疆」，下章注云：「張官設府」者，皮氏云：「白虎通封公侯篇曰：『列土封疆，非爲諸侯，張官設府，非爲卿大夫，皆爲民也。』潛夫論三式篇曰：『封疆立國，不爲諸侯，張官設府，不爲卿大夫，必有功於民，乃得保位。』蓋古有此語，漢人常依用之。」○治要引注云：「諸侯在民上，故言在上。敬上愛下，謂之不驕。故居高位而不危殆也。費用約儉，謂之制節。奉行天子法度，謂之謹度。故能守法而不驕逸也。」又云：「居高位而能不驕，所以長守貴也。雖有一國之財而不奢泰，故能長守富。」又云：「富能不奢，貴能不驕，故云不離其身。」又云：「薄賦斂，省徭役，是以民人和也。」大旨皆是，與釋文諸書所引亦相應，然於經文語意猶未盡密合，恐仍非原文。但「敬上愛下」、「奉行天子法度」二句，頗爲佳語。

詩云：『戰戰兢兢，如臨深淵，如履薄冰。』

戰戰，恐懼。兢兢，戒慎。臨深恐隊，唐注作墜，今從釋文。履薄恐陷，義取爲君恒須戒慎。注疏。釋文有「恐」、「隊」、「恐陷」四字。注末「慎」字，石臺本、岳本皆然，正德本惟疏標起止作「懼」。

釋曰：詩小雅小旻之篇，引以證諸侯富貴不可驕溢之義。易震爲長子，爲諸侯，卦辭曰：「震來虩虩，笑言啞啞，震驚百里，不喪匕鬯。」象曰：「震來虩虩，恐致福也。笑言啞啞，後有則也。」夫然，故可以守宗廟、社稷爲祭主。象曰：「君子以恐懼脩省。」故夫子引此詩以明諸侯之孝。阮氏福曰：「孔、曾之學皆主戒懼，故曾子立事篇曰：『君子取利思辱，見惡思詬，嗜欲思耻，忿怒思患，君子終身守此戰戰也。』又曰：『昔者天子日旦思其四海之内，戰戰惟恐不能乂也，諸侯日旦思其四封之内，戰戰惟恐失損之也，大夫士日旦思其官，戰戰惟恐不能勝也，庶人日旦思其事，戰戰惟恐刑罰之至也。是故臨事而栗者，鮮不濟矣。』孝經十八章、曾子十篇皆無泰然自得氣象。論語曰：『曾子有疾，召門弟子曰：「啓予足，啓予手。詩云：『戰戰兢兢，如臨深淵，如履薄冰。』而今而後，吾知免夫。」』是曾子一生，皆守孝經戰戰兢兢之大義，以至於没世也。」○「臨深履薄」，治要引注舉經全句。

卿大夫章　第四

釋曰：元氏云：「次諸侯之貴者卿大夫。説文：『卿，章也。』白虎通云：『卿之言章也，章善明理也。大夫之爲言大夫，扶進人者也。故傳云：「進賢達能，謂之卿大夫。」』王制云：『上大夫卿。』典命云：『王之卿六命，其大夫四命。』則爲卿與大夫異也，今連言者，以其行同也。」陳氏立白虎通疏證云：「卿章疊韻，對文則卿爲上大夫，大夫爲下大夫，散則卿亦謂之大夫，故春秋之例，皆稱大夫也。」案周禮天子之官有卿，有中大夫，有下大夫。王制稱：「諸侯上大夫卿，下大夫。」則諸侯無中大夫，而卿爲上大夫則同。春秋及禮喪服惟稱大夫，統言之；此經兼稱大夫，備言之。然同在一章，以其在朝服官，施政治民，所以事君安親之道同也。天子有三公，以六卿兼之，又有三孤，皆上大夫。諸侯國有孤，亦上卿兼職。卿字，説文作「卿，从□，玉篇子兮切。卪字之平聲。廣韻子禮切，卪字之上聲。皀聲。讀若香。」「卯，事之制也。从卩ㄗ。音節奏。」卿位尊，佐君制事，必合乎節奏，作爲遵先王之法，用其中於民也。大夫以扶進賢能爲義。又夫之言丈夫，孟子言：「居天下之廣居，立天下之正位，行天下之大道，此之謂大丈夫。」正與孝經言卿大夫服先王法服、道法言、行德行義同。古者爵人以德，人才出於學校，自王太子、王子、群后之太子、卿大夫元士之適子、國之俊選，皆由小學入太學，教以先王詩、書、禮、樂及易、春秋。博學詳說，歸於誠意、正心、脩身、齊家、治國、平天下之道。其德行道藝之尤高者，官之，四十始仕爲士，賢著德成，五十乃命大夫，親疏並用，立賢無方，公族既培養而多良，英俊亦升庸而無滯。且卿大夫以進賢達能爲職，惟善能舉其類，自無竊位蔽賢。其有功德於民者，使其子孫世禄，而不使世官，俾官必得人，而賢者子孫，勉於法祖父之德行，以世濟其美，故卿大夫以能守宗廟爲孝。春秋時列國世卿，多不學無術，尸位竊柄，汰侈不法，以致覆宗絶祀，而國與民交受其病。國家之敗，由官邪也。故周禮治國治民，以治官爲樞紐，而官方出於學術。孝經卿大夫之孝，即大學脩身以治國、平天下之事。蓋天子至庶人皆同此學，而佐天子、諸侯以治民者，必用如是之人，乃能成德教而行政令，有愛敬而無惡慢，此事親、事君、立身相表裏之大義也。中庸明善誠身，順親信友，護上治民之道相因，亦同此理。○元氏引舊說：「天子諸侯各有卿大夫。」此章云言行滿天下，又引詩「以事一人」，是舉天子卿大夫也。天子卿大夫如此，諸侯卿大夫可知。

非先王之法服不敢服，

法服，謂日、月、星辰、山、龍、華蟲、藻、火、粉米、黼、黻，絺繡。北堂書鈔原本八十六法則。先王制五服，周禮小宗伯疏下接「日、月、星辰」云云。天子服日月星辰，諸侯服山龍華蟲，卿大夫服藻火，士服粉米，書鈔一百二十八法服。文選陸士龍大將軍讌會被命作詩注引「大夫服藻火」。釋文出「服山龍華」、「蟲」、「服藻」、「火服粉」、「米」十一字，下接「皆謂」句。又云：「米，字或作絲。」皆謂文繡也。釋文田獵、戰伐、卜筮，冠皮弁，衣素積，百王同之，不改易也。詩六月正義引「田獵、戰伐，冠皮弁」。儀禮少牢饋食禮疏引「卜筮冠皮弁」云云。釋文出「田」、「獵」、「卜筮」、「冠」、「素積」七字。案諸書引有詳略，嚴氏集合甚當，從之。

非先王之法言不敢道，

詩厚人倫，書録王事。先王法言，著在詩、書，非是不敢道。據下注「禮以檢奢」，聖治章「言思可道」注「言中詩、書」，則鄭以法言爲詩、書之言。德行爲禮樂之行，故推補之，如此。「詩厚人倫」，詩序義。「書録王事」，首章注文。道，猶言也。鄭大學注　以上二十五字今補。

非先王之德行不敢行。釋文。德行，下孟反，注德行同。

禮以檢奢，釋文。樂以正情。先王六字補。德行，見釋文。著在禮樂，非是不敢行。九字補　德行上下共補十五字。

箋云：春秋傳曰：「詩、書，義之府也。禮樂，德之則也。」明皇注云：「法言，禮法之言。德行，道德之行。若言非道，行非德，則虧孝道，故不敢。」「樂以正情」，周禮大司徒注義。

是故非法不言，非道不行。

箋云：論語曰：「志於道，據於德。」行道即行德。春秋繁露說：「人之情性由天，可生可殺，而不可使爲亂。故曰：『非道不行，非法不言。』」爲人者天。

口無擇言，身無擇行。

箋云：禮鄭說：「無有可擇之言。」表記注。明皇曰：「言行皆遵法道，所以無可擇。」

言滿天下無口過，行滿天下無怨惡，釋文。無口過，古臥反，注同。無怨惡，烏路反，注同。言行盡善，雖布滿天下，而出乎身，十三字補。無口過，釋文。施於人，三字補。無怨惡。釋文。

三者備矣，然後能守其宗廟。釋文。廟，本或作庿。宗，尊也。廟，親也。親雖亡没，事之若生，爲作正義作立。今依釋文宮室，四時祭之，若見鬼神之容貌。詩清廟正義　釋文出「爲作」、「宮室」四字。

箋云：明皇曰：「三者，服、言、行也。」

蓋卿大夫之孝也。

張官設府，謂之卿大夫。禮記曲禮上正義。

箋云：孝經緯曰：「卿大夫行孝曰譽，言行布滿天下能無怨惡，遐邇稱譽，是榮親也。」疏「言行」以下數語，或疏家潤色之。

釋曰：此明卿大夫之孝。卿大夫，學先王之道，佐其君以博愛廣敬於人者也。元氏說：「大夫委質事君，學以從政。立朝則接對賓客，出聘則將命他邦。服飾言行須遵禮典，非先王禮法之服則不敢服，非先王禮法之言則不敢道，非先王道德之行則不敢行。」案法服，法度之服，若冕服、爵弁、皮弁、朝服、玄端、深衣之等，各有采章制度，服之各有等，不得僭上逼下。先王受命易服色，天下之人各服當代之服，惟二王之後及其國中人民得服先代之服，皆所謂法服，禮經詳矣。法言德行，百王所同。法言，法度之言，詩、書之文是也。詩厚人倫，美教化，邇之事父，遠之事君。書載唐、虞、三代治天下之大經大法，聖君賢相儆戒敬天勤民之訓，皆義理精純，可法於天下後世，故曰法言。德行，道德之行，禮樂之則是也。孟子曰：「仁之實，事親；義之實，從兄；禮之實，節文斯二者；樂之實，樂斯二者。」凡父子之親，君臣之義，夫婦之別，長幼之序，朋友之信，事爲之制，曲爲之防，使人愛敬之德生於心而不能已，不知手之舞之、足之蹈之，以立人道百行，是爲德行。禮士相見經曰：「與君言，言使臣。與大人言，言事君。與老者言，言使弟子。與幼者言，言孝弟於父兄。與衆言，言忠信慈祥。與居官者言，言忠信。」此皆詩、書之精義，所謂道先王之法言。孔子論孝、論禮、論學、論政，一取證詩、書，左右逢原，其極則也。冠義曰：「成人之者，將責成人禮焉，責成人禮焉者，將責爲人子、爲人弟、爲人臣、爲人少者之禮行焉，將責四者之行於人，其禮可不重與？故孝弟忠順之行立而後可以爲人，可以爲人而後可以治人也。」衛將軍文子篇：「孔子曰：『孝，德之始也。弟，德之序也。信，德之厚也。忠，德之正也。參也，中夫四德者矣。』」此皆禮樂之實德，所謂行先王之德行。孔子説君子之道，子臣弟友，庸德之行，鄉黨一篇，皆動容周旋中禮之效，其極則也。詩稱仲山甫之德曰：「古訓是式，威儀是力。」此卿大夫之道法言、行德行也。人之行莫大於孝，而孝道皆於言行見之，故孔子教弟子入孝出弟，即繼以謹而信，又自言庸德之行、庸言之謹。易大傳説龍德之見，亦曰：「庸言之信，庸行之謹。」樂正子春説：「一舉足不敢忘父母，一出言不敢忘父母。」論語、禮記説言行至詳。言行，君子之所以動天地。而此説法言德行，必以法服先之者，黄氏云：「服者，言行之先見者也。未聽其言，未察其行，見其服而其言可知也。」王氏應麟云：「孝經曰：『非先王之法服不敢服，非先王之法言不敢道，非先王之德行不敢行。』孟子曰：『服堯之服，誦堯之言，行堯之行。』聖賢之訓，皆以服在言行之先。蓋服之不衷，則言必不忠信，行必不篤敬。中庸脩身，亦先以齊明盛服。都人士之狐裘黄黄，所以出言有章，行歸于周也。」案先王制禮，因民生日用不可離之事而爲之節文，以達其愛敬之心。人受天地之中，肖天地之貌，聖人因其適體之用而制之法，使超然異於毛羽之禽獸而有以自好，慎行其身，因以敦典秩禮，表德定分。故古者深衣，有制度以應規矩、繩權衡，規矩取其無私，繩取其直，權衡取其平，可以爲文，可以爲武。禮始於冠，服備而後容體正，顔色齊，辭令順，爲行禮之本，三加彌尊，諭其志以進其德，皆制之於外以安其内，使惰慢邪僻之氣不設於身體，曰迁善而不自知也。世之衰也，以天地之性最貴，可聖可賢之身，而甘爲惰游不齒之服；以君父生成，涵濡中國數千年來禮俗教化，可忠可孝之身，而忍爲壞法亂紀之服。陷溺人心，敗壞風俗，毁傷其身，灾及其親，不法之害，未知所底。正經興民，激其廉恥，動其天良，俾違邪歸正，拂逆效順。是在卿大夫之法言德行，本身作則而已。服、言、行三者相須爲用，表記曰：「君子恥服其服而无其容，恥有其容而無其辭，恥有其辭而無其德，恥有其德而無其行」，無其行，謂未能施之實事，以稱其德意。與此經相表裏。三者皆以先王爲法，蓋先王之於後世君子，有父之親，有君之尊，有師之嚴。三語本黃氏。而敢有須臾之離，尺寸之踰越乎？先儒說，君當制義，臣當奉法，故卿大夫以奉法度爲孝，服與言行皆恪遵先王如是。是故所道必先王之法言，非法則不言；所行皆先王之德行，非道則不行。言皆法，則其言盡善，而口無可擇去之言；行則道，則其行盡善，而身無可擇去之行。口無一言之可擇，則言雖滿天下，而在己無出口之過；身無一行之可擇，則行雖滿天下，而在人無見怨見惡。如是則言、行一稱其服，三者皆備矣。然後正色立朝，萬民所望，忠貞事國，聞譽施身，非惟禄養致孝，且能守其累世宗廟弗替，是蓋卿大夫之孝也。上言德行，此言道者，德行，道德之行，隨舉互明。元氏說以論語「志於道，據於德」。記曰：「德也者，得於身也。古之學術道者，將以得身也。」得於身曰德，人所共由曰道，爲法於天下後世曰法，即所謂至德要道，天地之經民是則之，其實一也。非是則悖德亂道，非聖無法矣。孟子曰：「上無道揆，下無法守，國之所存者幸也。」道著爲法，卿大夫非法不言，非道不行，則國有與立，而家得所庇矣。「擇言」本甫刑爲訓，禮記引書鄭注云：「已外敬而心戒慎，則無有可擇之言加於身。」敬戒即上文不敢之義。詩「古之人無斁」，鄭引孝經讀「斁」爲「擇」，以附毛義。或謂鄭讀孝經之「擇」爲「斁」，孫氏星衍謂書、孝經之「擇」皆「斁」之借。說文：「斁，敗也。」理雖可通，要不如記注之精審。簡氏云：「擇，猶選也，謂選其非也。甫刑曰：『罔有擇言在身。』所以言滿天下無口過也。國風曰：『威儀棣棣，不可選也。』所以行滿天下無怨惡也。」是也。經兩云「滿天下」，見其至多而無可指摘，正足成無擇之義。曾子曰：「君子終日言，不在尤之中。」論語說：「出門如賓，承事如祭，在邦無怨，在家無怨。」詩曰：「在彼無惡，在此無射。庶幾夙夜，以永終譽。」皆無口過無怨惡之義。論語説：「言寡尤，行寡悔，祿在其中。」易大傳説：「言行，君子之樞機。樞機之發，榮辱之主。」故孝經説卿大夫之孝，於言行論之尤詳。唐氏文治及先從兄元忠皆舉易、孝經、論語三文相證。曾子説：「君子所貴乎道者三」，則服言行皆舉之矣。經發首服言行並舉，次詳論言行，終結言三者。元氏云：「言行，君子所最謹，出己加人，發邇見遠，出言不善，千里違之，其行不善，讒辱斯及，故一舉法服而三復言行。」案言行盡善乃稱其服，此經立文詳略始終相備之意。禮，大夫立三廟。阮氏云：「孝經卿大夫之孝，以保守其家之宗廟祭祀爲孝。如此爲孝，則不敢作亂，則不敢不忠、不仁、不義、不慈。齊之慶氏，魯之臧氏，皆叛于孝經者也。儒者之道，未有不以祖父廟祀爲首務者，曾子無廟祀而啟其手足，亦此道也。」案春秋時卿大夫尚多法言德行，故文、武之道未墜於地，至戰國時則事君無義，進退無禮，言則非先王之道，邪説淫辭，深中人心，毒遍天下，賊民興，喪無日矣。卿大夫非法不言，非道不行，而後能格君心之非，正人心之邪。諸葛之公誠，司馬之忠信，朱子之誠正，得之矣。〇注云「法服謂日月星辰」云云者，首句「華蟲」下脱「作會」二字。鄭注書皋陶謨讀「會」爲「繪」。古天子冕服十二章，日一，月二，星辰三，山四，龍五，華蟲六皆繪於衣。宗彝七，藻八，火九，粉米十，黼十一，黻十二皆繡於裳。天子備文，諸侯以下降殺各有差，上得兼下，下不得僭上。云「天子服日月星辰」者，此句及下三句，每句末皆當有「以下」二字，文略耳。上稱五服，下惟列四等者，鄭説書、周禮五服，據漢制，兼采歐陽、大、小夏侯書説，推明虞、周異同。而此注又酌取大傳之義，大傳云：「天子服五，諸侯服四，次國服三，大夫服二，士服一。」鄭彼注雖疑之，而此注諸侯中實兼含次國，分爲二等。蓋天子服日月以下十二章，諸侯服山龍以下九章，次國服華蟲以下七章，卿大夫服藻火以下五章，士服粉米以下三章。云「文繡」者，約作會絺繡之義，文即繪畫也。書注則分諸侯爲三等，謂公自山龍而下，侯伯自華蟲而下，子男自藻火而下，卿大夫自粉米而下，上合天子十二章爲五服，不數士，蓋據周制推之。似彼注爲定論。又鄭謂虞制天子十二章，周制以日、月、星辰書於旌旗，而服章惟九。皮氏云：「續漢書輿服志曰：『孝明皇帝永平二年，初詔有司采周官、禮記、尚書臯陶篇，乘輿從歐陽説，公卿以下從大、小夏侯説。』又曰：『乘輿備文日、月、星辰十二章，三公諸侯用山龍九章，九卿以下用華蟲七章，皆備五采。』蓋歐陽説天子有日、月、星辰共十二章，夏侯説天子無日、月、星辰，亦止九章。鄭君兼采二説，分別其義，謂虞有日月星辰十二章，用歐陽説，爲周止九章，用夏侯説。」案皮説甚當。夏侯氏蓋約周官爲説，而以論虞制則未當。故鄭於虞從歐陽，於周取夏侯。但周制登龍於山，謂之衮，登火於宗彝，謂華蟲爲鷩，謂宗彝爲一毳，其序又與夏侯書説異耳。鄭謂至周而以日、月、星辰書於旌旗，則夏、殷亦十二章。鄭又謂魯郊有十二章者，從先代之禮，如杞、宋之比。餘詳禮疏及愚所爲禮經學。云「田獵、戰伐、卜筮，冠皮弁」云云者，皮氏云：「詩疏引孝經援神契曰：『皮弁素幘，積之借。軍旅也。』白虎通三軍篇曰：『王者征伐，必皮弁素幘，凶事示有悽愴。』又『招虞人皮弁，知伐亦皮弁。』招虞人即田獵之事。天子朝、諸侯視朔皆皮弁，卜筮或亦用之。鄭學宏通，注孝經即用援神契説，故與他經注以爲戎服用韎韋衣裳者不同。」案詩疏謂皮韋同類，析言則戰用韋弁，統言則惟云皮弁。又皮弁者，天子之朝朝服。士冠、少牢，諸侯、士大夫禮，筮曰皆用朝服，則天子士大夫當皮弁矣。竊謂此注約舉三代之禮，周制則田用冠弁服，兵士則韋弁服，不盡用皮弁。云「百王同之，不改易」者，謂冕服文，其章古今有異，皮弁質，其制無改耳。鄭說法服約舉三者，此外爵弁、玄端之等，凡見禮經者，皆爲法服可知。鄭以法言爲詩、書，德行爲禮樂。詩、書皆義理之文，禮樂爲道德之範。故「子所雅言，詩、書執禮」，又曰：「博文約禮」，又曰「不學詩無以言，不學禮無以立」。易之義，春秋之法，皆於是乎著，舉四術而六藝可畢貫矣。服、言、行三者，修身之要，爲政之本，所以事君，即所以立身安親。卿大夫漸漬詩、書、禮、樂之教，幼學壯行，服官以至致仕，奉以終身者也。云「宗尊廟貌」云云者，後章云「治家者，得人之歡心，以事其親。生則親安之，祭則鬼享之」。論語曰：「生，事之以禮。死，葬之以禮，祭之以禮。」後章注云：「事生者易，事死者難。」孝子之身終，終身也者，非終父母之身，終其身也。春秋傳歎喪家之大夫曰：「爲人子不可不愼乎哉。」故卿大夫士必以能保守宗廟祭祀爲孝。蓋親雖亡没，事之若生，事君莅官，無敢失道，以貽父母羞。是以孝子臨尸而不怍，有勿替引之慶，無弗克負荷之憂也。禮，大夫士有大功善於其君，得爲壇墠，祫及其高祖。又父爲士，子爲大夫，得祭以大夫；父爲大夫，子爲士，則祭以士，皆感動其孝思，而勉之爲高行。此愛敬之教所以彌綸無間也。○治要引注云：「不合詩、書，不敢道，不合禮、樂，則不敢行」。又云：「法先王服，言先王道，行先王德，則爲備矣。」蓋就釋文所出字及唐注推之，義皆無誤。惟「法先王服，言先王道」，當改「服先王服，道先王言」耳。

詩云：『夙夜匪懈，以事一人。』釋文。懈，佳賣反，注及下字或作解同。臧云：「此當作『解，佳賣反，注及下同，字或作懈。』」據下標注「解惰」字，知鄭本經必作「解」，故陸音佳賣反。若本作「懈」，正字易識，陸可不音矣。蓋石臺本、唐石經、岳本皆作「懈」，淺人遂據以易釋文也。

夙，早。二字據詩箋補。夜，莫如字，又音暮，下並同。也。釋文。匪，非也。解，惰古臥反，注同。華嚴經音義作「懈惰」。顧氏廣圻云：「注同，當作下同。」也。華嚴經音義二十釋文出「解惰」二字。早此字補。莫釋文云下並同，則此注再見「莫」字，士章引詩注亦當有之。匪有二字補。懈惰，見釋文。以常尊事天子。六字補。此句共補九字。用詩箋疏義。

箋云：明皇曰：「義取卿大夫早夜不惰，敬事其君也。」

釋曰：詩，大雅烝民之篇。匪懈，敬也，敬即不敢之義。敬勝怠者吉，居官者懈怠之心一萌，則志氣昏惰，萬事廢弛，德義之緩，邪利之急，誤國殃民，禍及其親矣。夙夜匪懈，恭恪於朝，職思其憂，乃能爲天子分任愛敬天下之責，以安其親。諸侯之臣事其君亦然，故唐注通其義。夙夜者，自朝至夜無時不然。易三爲三公，乾之九三曰：「君子，終日乾乾夕惕若。」子曰：「君子進德修業，與時偕行」，是其義也。○釋文：「莫，如字，又音暮。」案説文無暮字，莫本訓日且冥，從日在茻中會意，茻亦聲，莫故切，引申爲有無之義，慕各切，兩音實一聲之轉。「夜，莫」當以莫故切爲正，即後出「暮」字之音。○治要引注云：「夙，早也。夜，暮也。一人，天子也。卿大夫當早起夜臥，以事天子，勿懈惰。」義無誤。

士章　第五

釋曰：元氏云：「次卿大夫者士。說文曰：『數始於一，終于十。孔子曰：『推一合十爲士。』毛詩傳曰：『士者，事也。』白虎通曰：『士者，事也。任事之稱也。』故禮辯名記曰：『士者，任事之稱也。』傳曰：『通古今，辯然不然，謂之士。』」又說：「白虎通云：『天子之士獨稱元士。』此直言士，則諸侯之士，而天子之士從可知。」案諸侯之士不得稱元，而天子之士亦通稱士。此章論士之孝，蓋兼天子諸侯之士言，猶上卿大夫章天子諸侯之卿大夫行孝同也。又士有已仕而居位者，周禮上士、中士、下士是也，有未仕而爲學士者，王制選士、俊士之等是也。此經云「保其禄位」，則謂已仕之士，而孝敬忠順之道，則爲學士時皆已講明切究，隨其分而篤行之。古者年七十而致仕，老於鄉里，大夫名曰父師，士名曰少師，以教鄉中之子弟，是以胥天下之人，無不修其孝弟忠信。其民之秀者，由庠序而層累升之，以至於大學。凡六藝之教，所以察人倫、明王道者，漸漬服習，至深且久。故可任職居位，進而爲卿大夫，盡愛敬之道，佐人君以博愛廣敬於天下也。傳曰：「禽獸知母而不知父，野人曰：『父母何算焉。』算，猶擇也。別也。都邑之士則知尊禰矣，大夫及學士則知尊祖矣。」三代之學，皆所以明人倫，士之學在明倫，故夫子論士之孝，曲盡事親、事君、愛敬之義，禮教之大本也。由是，居位則惟吉士用，勸相國家，成德則始乎爲士，終乎爲聖人。故論語子路、子貢皆問士，而孟子論士曰：「居仁由義」，大人之事備矣。

資於事父以事母而愛同，

資者，人之行也。釋文。公羊定四年疏。

箋云：易鄭說：「資，取也。」乾卦注禮鄭、孔說：「資，猶操也。操持事父之道以事母，而恩愛同。」喪服四制注疏。

資於事父以事君而敬同。

箋云：公羊何說：「取事父之敬以事君。」定四年解詁。禮孔說：「操持事父之道以事君，則敬君之禮與父同。」

故母取其愛，而君取其敬。兼之者父也。

兼，并也。三字據釋文補，凡釋文之訓多本鄭，故以補注，後放此。

箋云：劉氏瓛曰：「父情天屬，尊無所屈，故愛敬雙極也。」疏。禮喪服四制本此文以說服曰：「其恩厚者其服重，故爲父斬衰三年，以恩制者也。門内之治恩揜義，門外之治義斷恩。資於事父以事君而敬同，貴貴、尊尊，義之大者也。故爲君亦斬衰三年，以義制者也。」「資於事父以事母而愛同，天無二日，土無二王，國無二君，家無二尊，以一治之也。故父在爲母齊衰期者，見無二尊也。」孔氏云：「父母恩同而服有異，以不敢二尊故。」

故以孝事君則忠，

移事父孝以事於君，則爲忠矣。注疏。嚴氏植之曰：「君父敬同，則忠孝不得有異，言以至孝之心事君，必忠也。」疏。

以敬事長則順。釋文。丁丈反，注皆同。案云「注皆同」，則注中「長」字當再見。

移事兄敬以事於長，則爲順矣。注疏。

忠順不失，以事其上，然後能保其禄位，而守其祭祀。

上謂君三字補。長。見釋文補取疏義。食稟爲禄，釋文。官爵爲位。四字取王制義補。始爲日祭，釋文。繼爲時祀。四字取國語、祭法義補。

蓋士之孝也。

通古今，三字補。别是非。釋文。謂之士。三字補。取白虎通義。北堂書鈔引注「通古今，辯然否，謂之士。」辯然否與别是非義同文異。

箋云：孝經緯曰：「士行孝曰究，當明審資親事君之道，能榮親也。」

釋曰：此明士之孝。士學以明倫，能審究三綱五倫之義，盡子臣弟少之道，以完孝行，而立愛敬德教之基者也。子之能仕，父教之忠，士始升公朝，將移孝以作忠。故先明事父之行，爲事母事君所資，以起其義。資，取也，取於事父之行以事母。而愛母與愛父同，如和氣愉色婉容，飲食忠養，抑搔扶持，視無形，聽無聲，凡所以盡愛者，皆與父同，是也。取於事父之行以事君，而敬君與敬父同，如君在踧踖，入門鞠躬，升堂屏氣，召不俟駕，恪居官次，竭力盡能，陳善閉邪，凡所以盡敬者，皆準乎事父之道以效其誠，是也。簡氏云：「母主於愛，敬行愛中。君主於敬，愛行敬中。」案愛敬出於天性，自然相因。易曰：「家人有嚴君」，父母之謂。前章云：「愛敬盡於事親。」後章云：「親生之膝下，以養父母日嚴。」又云：「孝子之事親也，居則致其敬。」論語、禮記言孝，能養必敬，皆事父事母同言愛敬，但父尊親兼至，而母尤主於親，故事母以愛爲主。愛敬相因，事父之愛，愛之至也，愛母與父同，則敬在其中矣。大學云：「爲人臣止於敬。」孟子云：「君臣主敬。」事君章引詩「心乎愛矣。」孟子又云：「畜君者，好君也。」則事君亦愛敬兼盡。但父子主於恩，君臣主於義，雖元首股肱，休戚一體，而上天下澤，名分綦嚴，故事君以敬爲主。忠孝一理，事父之敬，敬之至也。敬君與父同，則愛在其中矣，愛則必慎重，敬則必懇誠。事母之敬由愛出，事君之愛以敬行，故事母尤取其愛，而事君尤取其敬，三者皆資於事父。并愛敬而行之兩盡者，事父之道也。所以然者，人之生受氣於父，而鞠之育之，使成形以生者，母也；養之保之使得遂其生者，君也。故人情莫不怙恃父母，而父尊母親；人類莫不倚賴君父，而君尊父親。經文此數語，人倫之大本，禮教之綱領。蓋天之生物，使之一本，子者父之子，母統於父，資於事父以事母而愛同。夫爲妻綱，故父爲子綱。父者，子之天；君者，臣之天。資於事父以事君而敬同，故君爲臣綱。三綱者，人倫之本，愛敬之原，凡民莫不由之，而知其義者士也。故制禮自士始，士可不以名教綱常爲己任乎？此以上即詳説君親愛敬之義，則父子之道，即君臣之義所自出，事君猶事父也。故以事父之孝事君，則爲忠矣。孝則必弟，孩提愛親，少長即知敬兄，以事兄之敬事長，則爲順矣。以孝事君，即資於事父之敬，敬中有愛，愛敬合是爲孝，移以事君是爲忠。後章云：「君子之事親孝，故忠可移於君。」事父孝，則事母孝在其中，凡經傳言事父多包事母，故此文總言孝，下章總言事親。敬出於孝，愛親者兄弟必相愛，而兄長於弟，故弟又當敬，弟愛敬兄謂之悌。敬兄之心由敬父出，知敬父自知敬兄。由兄而推，内則師長，外則官長，皆行吾敬，是爲順。此長對君言，則主官長，謂公卿大夫，位長於士者。后章云：「事兄弟，故順可移於長。」故鄭以敬屬事兄。上言事父之敬，此遽言敬兄者，孝弟同體，士既深明君親愛敬之義，則能由敬父以敬兄可知，一故字中實包含其義。移孝作忠，移敬爲順，忠順不失，以事其上，然後能保其禄秩官位，而守其先人之祭祀。非惟生有禄養，且能備禮以祭，是蓋士之孝也。禮，上士二廟，中士、下士一廟。經於大夫言宗廟，於士言祭祀，互文。諸侯言保其社稷，大夫言守其宗廟，士禄位、祭祀兼言保守者，皇氏謂：「保，安鎮也。守，無失也。」對文則保義較守爲重，散則通。孟子云：「諸侯不仁，不保社稷。卿大夫不仁，不保宗廟。」易言：「出可以守宗廟社稷以爲祭主。」是保守義同。此經以大夫對諸侯，故一言保一言守。士兼言者，明能保君所授之禄位，乃能守先人之廟祀。禮，大夫士有田則祭，無田則薦。祭禮大，薦禮小，故必能保禄位，乃能備禮以祭。

保其禄位，由於忠順不失，初非後世庸臣持禄保位之謂。君子之於禄位，非其道，則禄之以天下，弗顧也，由其道，則一命之榮，皆君父之恩，不敢失墜。孟子曰：「惟士無田，則亦不祭。」士之失位，猶諸侯之失國家，此孝經之義也。蓋不義而得禄位，忝所生也，不義而失禄位，亦忝所生也。君子之於禄位，得之以義，保之以義。舊説云：「入仕本欲安親，非貪榮貴也。若用安親之心，則爲忠也；若用貪榮之心，則非忠也。」案以安親之心事君，則知君民一體，休戚相同，正色立朝，竭忠盡智，公家之利，知無不爲，危急存亡，有死無二。若用貪榮之心，則孟子所謂懷利以事君者，背君親而爲不義，敗國殄民，惟利是圖，行同狗彘，勢所必至。斗筲之人，何足算哉，豈得謂之士乎？○喪服四制引孝經以説制服之義，蓋父至尊，君至尊，敬同故其服同。母與父愛同，而家無二尊，父於子爲至尊，夫亦於妻爲至尊。故父在屈於父，爲母齊衰期。然服雖屈，仍心喪三年。傳曰：「父必三年然後娶，達子之志也。」此仁之至，義之盡。蓋可屈者，衰麻之服，不可解者，哀痛之志，所謂愛同也。孝經此節，三綱大義，自伏羲定人道以來，至周公制禮而其理始曲盡。學者以此治禮，若綱在綱，一以貫之矣。君，敬之極；母，愛之極，而兼之者父。故孝莫大於嚴父，極於尊祖配天，而明王以孝治天下。○黄氏云：「父則天也，母則地也，君則日也。受氣於天，受形於地，取精於日，此三者人之所由生也。地必受氣於天，日亦取精於天，此二者，人之所原始反本也。故事君事母皆資於父，履地就日皆資於天，二資者，學問所由始也。」案黄氏説甚有意理。日麗於天，故雖天子必有父，而父子之道爲君臣之義所自出。天所以照臨於下者惟日，天無日，則八表長夜，四時無由行，百物無由生。天下無君，則彝倫顛倒，甚至非孝無親，人類惡慢相殺，無已時矣。夫然，故父者，子之天也；君者，臣之天也，故孝子事君必忠。推其本，則父子之道正於夫婦，故夫者，妻之天也，子以父爲天，母爲地。兄先弟後出於父母，天倫也，故孝則必弟。臣以君爲天，在朝長幼卑尊命於君，天秩也，故忠則必順。順者，順理以事之，亦將順其美、匡救其惡之義，非阿諛曲從之謂。○注云：「資者，人之行。」此非以人訓資，乃謂所資者是人之行也。「資」訓當如易注、記注訓取、訓操。元氏云：「取於事父之行」，孔氏云：「操持事父之道」，皆得鄭意。人之行，即道也，人之行莫大於孝，而事父之道，愛敬雙極，故事母事君皆資之。所以必云「人之行」者，父母生之，天性自然知愛，無待於資，此所資者，性發爲行，聖人所制之禮，民之所以體天經地義而爲行者，則事父之道愛敬兼盡，而事母資之，尤重於愛耳。事君則由事父而推，自可知矣。云「食禀爲禄」，補云「官爵爲位」者，王制云：「任官然後爵之，位定然後禄之」，又歷陳上士、中士、下士之禄，是也。云「始爲日祭」，補云「繼爲時祀」者，國語言天子之禮有日祭、月祀、時享，此云「始爲日祭」，蓋謂始死朝夕奠，及下室燕養、饋羞、湯沐之饌，孝子不忍一日廢其事親之禮，祭之始也。祭法：大夫享嘗乃止，但有四時之祀，無月祀，則士可知。云「通古今，别是非，謂之士」者，依上兩章注句法，取白虎通義以補闕文。「别是非」，白虎通作「辨然否」，其義一也。順人倫爲是，逆人倫爲非，古今通義。是非明，則人人敦孝弟忠順之行，而愛敬不可勝用，否則非法非道，邪説横流，而天下受其亂矣。持清議，正人心，教忠孝，遏逆亂，此士之責也。○治要引注云：「事父與母愛同，敬不同也。事父與君敬同，愛不同。」此用唐注義，與經文語勢似反，孔氏禮記疏順經爲訓，蓋本孝經真鄭注。

元氏弭縫唐注之義，與記疏合，或亦本孝經、孔疏也。又云：「兼，并也。愛與母同，敬與君同，并此二者，事父之道也。」此則不誤，則爲忠矣。治要「矣」作「也」，又云：「事君能忠，事長能順。二者不失，可以事上也。」亦無誤。

詩云：『夙興夜寐，無忝爾今本作爾。所生。』臧云：「葉鈔釋文『無忝』下空闕。據開宗明義章釋文作『毋念』，則此亦當作『毋』。詩釋文『毋忝，音無』，可證。」

忝，辱也。所生，謂父母。釋文訓。言早以上十字補。莫見前章釋文。寢興，毋辱其親。六字補。

釋曰：詩小雅小宛之篇。言早起夜臥，修身慎行，本孝敬之道以不失忠順，毋或忝辱其所自生也。黄氏曰：「夙興夜寐，蓋言學也。孝不待學，而非學則無以孝。」案孝本良知，學以致其良知，而忠順之行立焉。誠正脩齊治平之道，講求有素，措之裕如，此孝經與大學一貫之義。國語曰：「士朝而受業，晝而講貫，夕而習復，夜而計過，無憾而後安。」曾子曰：「晝則忘食，夜則忘寐，日旦就業，夕而自省。」制言中。又曰：「吾日三省吾身。」此皆聖賢夙興夜寐，無忝所生之義。引國語至此，阮氏福義。省者，惟恐其有忝也。惟然，故博學可以爲政，移學可以作忠。簡氏曰：「夙興夜寐，勤事也。檀弓事親事君皆以服勤言。夙夜勤事，無辱其父母，是推事親以事上之道也。」〇治要引注有「忝，辱也」二句，與釋文訓同。下又云：「士爲孝當早起夜臥，無辱其父母也。」義不誤。

庶人章　第六

釋曰：元氏云：「庶，衆也，謂天下衆人。」案庶人謂士、農、工、商四民，及在官給事、府史、胥徒之等。士有已仕者，王制所謂上士、中士、下士，上章所陳是也。有未仕者，禮士相見經曰：「庶人則曰刺草之臣。」孟子説士不見諸侯之義，曰：「庶人不傳質爲臣」，則未仕之士在此章庶人中。士之未仕者，資親事君之義雖已講明，而用天分地之事乃其職分。士本由庶人而進者，孟子云：「謹庠序之教，申之以孝悌之義。」又云：「深耕易耨，脩其孝弟忠信。」詩云：「以介我稷黍，以穀我士女。」則古者庶人固多有士行，但見道有深淺，故孝行有精粗耳。天地之性人爲貴，能行庶人之孝，其上者進乎士，次者亦已無愧爲人，否則孟子所謂五不孝，不成人矣。且士爲四民之首，士能深明孝弟忠順之道，爲農工商之倡，則天下之人心正矣。庶人皆能謹身節用，以養父母，則人人親其親、長其長，無相惡慢而天下平矣。此先王至德要道，順天下之成效也。漢制使天下誦孝經，所以風俗茂美，長治久安，媲於三代也。

用天之道，

春生夏長，秋收本作斂。冬藏，釋文。注疏。勤力務時。四字用鄭君戒子書語補。

分地之利，

分別五土，視其高下。若高田宜黍稷，下田宜稻麥。丘陵阪初學記作「坂」，今依釋文。險，宜種棗棘。初學記作「棗栗」。御覽作「桑栗」。今從釋文一本。初學記卷五。大平御覽卷三十六。釋文出「分別」、「五土」、「丘陵阪險」、「宜棗棘」十一字，云「本作宜種棗棘」。唐注用首二句。司馬貞議無「若」字及末句。詩信南山疏引「高田」以下十字。

謹身節用，以養父母。

行不爲非釋文。爲謹身，三字補。度財爲費釋文。爲節用，三字補。什一而出，釋文。公賦既充，則私養不闕。九字取唐注補。

此庶人之孝也。

無所復謙。釋文。

箋云：孝經說：「庶人行孝曰畜，言能躬耕力農，以養其親也。」疏。諸葛孔明便宜十六策曰：「經云庶人之所好者，「所好者」三字。疑「所謂孝者」四字之譌。唯躬耕勤苦，謹身節用，以養父母，制之以財，用之以禮，豐年不奢。凶年不儉，素有積蓄，以儲其後。」

釋曰：此一節明庶人之孝。元氏云：「庶人服田力穡，當用天四時生成之道，分地五土所宜之利。謹慎其身，節省其用，以供養其父母，此庶人之孝也。」案立天之道曰陰與陽，陰陽合而生五行，五氣順布，以行四時，生百物，是謂天之道。太史談曰：「春生夏長，秋斂冬藏，此天道之大經也。」民用之以盡力農畝，春耕夏耘，秋斂冬藏，無或失時，取法於天也。乾始能以美利利天下，地受天氣，生物以養人，而五土山林、川澤、丘陵、墳衍、原隰所生不同，民並賴之，是謂地之利。分別土性，各順其高下之宜，以稼穡樹藝，乃能各得其利，取材於地也。人與天地參，此用天之道，分地之利，因其質以爲養也。下章「則天之明，因地之利」，本其性以爲教也。黄氏云：「君子資於天地，得其尊親，小人資於天地，得其樂利；小人資其力，君子資其志；君子致其禮，小人致其事，其要於敬養不敢毁傷則一也。」案用天分地，顧養之本，又必謹慎其身，行不爲非，遠兵刑，慎疾病，常念身爲父母之身而不敢忽；節省其用，量入爲出，菲飲食，惡衣服，常念一日財用匱乏則父母何怙，如此則身安力足，能奉甘旨，備輕暖，以養其父母，使父母安樂壽考，庶人行此，可謂孝矣。經言士以上之孝皆曰蓋，謙若不敢盡之辭，於庶人直曰此，無所復謙者，庶人之孝，孝之質也。士以上，則當由此神而明之以致其精，擴而充之以極其大，各隨其分以盡尊親之義，宏愛敬之施。司馬氏光云：「明自士以上非直養而已，當立身揚名、保其家國」是也。夫五孝一理，庶人之謹其身，推而上之，即天子至士所以保其天下國家；庶人之能養其親，進之，即士以上之保其社稷、宗廟、祭祀。但大小精粗有殊，故經文立言詳略語氣輕重亦異。阮氏福說：「孔子言庶人之孝，即曾子所謂以力惡食，小孝用力，思慈愛忘勞，可謂用力矣。大戴禮少間篇：『庶人仰視天文，俯視地理，力時使，以聽乎父母』，皆其義。」簡氏謂：「或言蓋，或言此，互文，混君子野人而一之」，非也。然能行庶人之孝，即已無負天地之性，亦足以爲立身，謹身節用，則無惡慢之事。故下文言孝有終始，總五等結之。庶人之孝，不引詩者，以下節首句「故自天子至於庶人」，立文與此節末句緊相承接故也。○內則：「降德於衆兆民」，抑搔、扶持、進食之等皆言敬，經云：「謹身節用」，則養中自有敬。但所以行敬也，君子與野人當有深淺之別。故坊記云：「小人皆能養其親，君子不敬何以辨。」又資父事母之禮，如喪服四制所言，實上下之通制，庶人亦由之，士乃知其精義耳。嗚呼，古之小人皆能養，今之號爲士大夫者乃或反不能，大本已蹷，無所不薄，此惡慢之禍所以毒遍天下也。○注云「春生夏長，秋收冬藏」者，皮氏説齊民要術耕田篇引魏文侯曰：「民春以力耕，夏以鏹耘，秋以收斂。」朱彝尊經義攷謂是此經之傳，鄭蓋本之。云「高田宜黍稷，下田宜稻麥」者，元氏舉職方氏「青州宜稻麥，雍州宜黍稷」爲證。云「丘陵阪險，宜種棗棘」者，皮氏云：「棘亦棗也，詩『園有棘』，孟子『養其樲棘』，皆棗類。」棘，一作栗。皮云：「史記貨殖列傳曰：『安邑千樹棗，燕秦千樹栗』，此宜棗栗之地。」云「什一而出」者，蓋謂什一之賦，能節用，則既出此賦，其餘奉養父母，綽有餘裕矣。謹身以奉法，節用以供賦，此資親事君之義所自始，亦即法言德行，制節謹度之義所自始，故庶人之秀者，即進而爲士也。士本出於農，民以食爲天，故鄭説用天分地，據農事言，工商亦如之。簡氏引越語「夏資皮，冬資絺」，職方氏「揚州其利金錫竹箭，幽州其利魚鹽」，攷工記「天有時，地有氣，材有美，工有巧」，及書酒誥「肇牽車牛遠服賈，用孝養厥父母」爲説，足與注義相輔。○治要引注「冬藏」下云：「順四時以奉事天道」，事字宜删。「棗棘」作「棗栗」。下云：「此分地之利」，又云：「行不爲非爲謹身，富不奢泰爲節用，度則爲費，父母不乏也」，義皆無誤。

故自天子至於庶人，孝無終始而患不及者，未之有也。」

患，禍。疏云：「鄭引倉頡篇爲釋。」自上至下，皆惟孝有終始，十字補。故患難不及其身也。釋文。未之有者，四字補。言釋文作「善」，云「一本作難」。嚴氏謂難、善二本俱誤。案「善」當作「言」，晉謝萬所據本已誤，又「言」字上下皆有脱文。行孝終始不備，而患禍不及者，自古及今，十六字補。取漢書顔注義。未之有也。釋文。

箋云：杜欽説：「不孝則事君不忠，莅官不敬，戰陣無勇，朋友不信。孔子曰：『孝無終始而患不及者，未之有也。』」漢書本傳

釋曰：此一節承上説庶人之孝畢，遂總結五孝之義，首章言孝之始，孝之終，因歷説天子以下皆當終始於孝，以保其天下國家、身體髮膚，先王所以順天下，使有慶無患者如此。故自天子至於庶人，行孝無終始而患難不及其身者，自古及今，未之有也。蓋無始者，不愛其親，不敬其親，不孝之罪，固五刑莫大，即有始而無終，居上驕，爲下亂，在醜争，敢於惡人慢人，亦必患及其身，以及其親，故深戒之。黄氏云：「不敢毁傷，孝之始也，立身顯親，孝之終也。謹身以事親，則有始，立身以事親，則有終。孝有終始，則道著于天下，行立於百世。敬愛其身而惡慢終之，案身，當爲始。「靡不有初，鮮克有終」，終之實難。且孩提愛親，少長敬兄，人固無不敬愛其始者，放其良心，則不能終矣。小則毁傷其身，大則毁傷天下。曾子曰：『既患繇生自纖纖也，君子夙絶之。』夙絶之如何，曰：敬而已矣，君子未有不敬而免於患者也。」阮氏福云：「孔、曾之學，皆以防禍患爲先。曾子曰：『君子患難除之。』又曰：『禍之所由生自孅孅也，是故君子夙絶之。』又曰：『天子日旦思其四海之内，戰戰惟恐不能乂也。諸侯日旦思其四封之内，戰戰惟恐失損之也。大夫日旦思其官，戰戰惟恐不能勝也。庶人日旦

思其事，戰戰惟恐刑罰之至也。是故臨事而栗者，鮮不濟矣。』」是天子至庶人皆恐禍患及身，明是曾子發明孝經之義。曾子又曰：『忿言不及於己，五者不遂，灾及乎身。殺六畜不當，及親。吾信之矣。』蓋皆謂禍患之及身，而且及親也。孔子於諸侯、卿大夫、士，皆言『然後能保其社稷』、『宗廟』、『禄位』，獨於天子庶人未言保守。故於此總結，言及於禍患，五等所同，天子當防患及也。明皇講此經，不知患及。天子之戒，似孔子論孝之時，已豫括天寶之事，所繫豈不大哉？」案黄氏、阮氏説甚精當，首章言「孝之始」、「孝之終」，此言「孝無終始」，明以終始屬之孝道。「孝無終始」，正反結首章始終之義，「患不及」、「未之有」，正反結前數章「德教加於百姓，形于四海」，「保守社稷」、「宗廟」、「祭祀」，及此章謹身之義。經文首尾一氣，自相表裏，義至分明。孟子「天子不仁，不保四海」一節，正此所謂患及。杜欽説「不孝則事君不忠」云云，明孝無終始，禍之所以必及，所謂「五者不遂，灾及於身」也。天子終始於孝，人之所以參天地也；庶人終始於孝，人之所以異於禽獸也。庶人雖未及乎法天下、傳後世，然如經文所陳，能始終行之，即其所以立身，而患無由至矣。聖人之道務在有始有卒，故周易首乾，自强不息，堯典始欽，禮主於敬，論語首學而時習，稱仁爲己任，死而後已。學本於有恒，化成於久；道真積力久，則强立不反。政如農功，日夜以思，思患豫防，則身安而國家可保。堯戒曰：「戰戰栗栗，日慎一日」，詩曰：「我日斯邁，而月斯征。夙興夜寐，無忝爾所生。」是以君子憂深思遠，朝夕匪懈，無有師保，如臨父母，惟恐百密一疏，以釀家國莫大之禍，以貽君親之憂，失生民之望。傳曰：「能者養之以福，不能者敗以取禍，是故君子勤禮，小人盡力。」否則怠慢忘身，禍灾所聚。明皇注此經，不從鄭注訓患爲禍，蓋驕泰之心已萌，知得而不知喪，竟以英明之君而與昏亂者同禍。阮氏謂孔子論孝之時，若已見幸蜀之變。蓋聖人垂訓，炳如日月，萬世治亂，莫之能外。即今西國之所以能富强，亦不過上下情通，同心協力，有合於愛之義；實事求是，弗能弗措，有合於敬之義。故西學富强之本，皆得我中學之一端。中國之所以貧弱，不在不知西學，而在自失我中學。聖人之道，得其全者王，得其偏者强，有名而無實，甚至背馳而充塞之者亡。夫必實踐我中學，而後可以治西學，而後可以富强無患，因論唐事而附及之。○釋文出注云：「故患難不及其身也，善未之有也。」「善」字下云：「一本作難。」案「善未」句難曉，陸但就誤文識其異字，反覆思之，「善」當爲「言」，形近誤爲善，義變又爲「難」，皆不可通。「言」字既誤，上下又皆有脱文，以致文義乖隔。謝萬、劉瓛雖曲爲之説，而於訓患爲禍之義，仍不能合。漢書師古注云：「言人能終始行孝，而患不及於道者，未之有也。」患不及於道，即自患其無終始，此本謝萬説，於經文語勢殊牽强，實唐注致誤之由。又云：「一説，行孝終始不備，而禍患不及者，無此事也。」約鄭注大意，解經甚明，今據以補注。○治要引注云：「總説五孝，上從天子，下至庶人，皆當孝無終始，能行孝道，故患難不及其身。」「無」字誤，嚴氏改「有」，是也。謝萬云：「謂孝行有終始」，可證。但此節鄭注原本當多脱誤，若如此明白，謝萬、劉瓛等無庸迂回，且可訂正下文脱誤矣，然其義則允。又云：「未之有者，言未之有也。」改釋文「善」字爲「言」，得之。然解如不解，鄭注原本久無可考，師古一説近之。

孝經鄭氏注箋釋卷二

曹元弼學

三才章　第七

釋曰：上言天子至庶人皆孝有終始，推愛親敬親之心以愛人敬人，乃能保其天下國家、身體髮膚，有慶無患，即至德要道之實。故此章遂申以順天下之義。孝道之大如此，非聖人强以教人，乃出於民受天地之中以生，所謂「天生烝民，有物有則」，「道之大原出於天」也。易曰：「立天之道曰陰與陽，立地之道曰柔與剛，立人之道曰仁與義，兼三才而兩之。」陰陽之氣，剛柔之質，其至精純者爲仁義之德。太極元氣函三爲一，天地之元，人資之以爲性，五性統於仁義。義出於仁，仁始於孝。孝者，天地人合於一元，人所以爲天地之性最貴者由此。才者性之能，天地之大德曰生，天能生，地能養，人能體天地以相生相養，故曰三才。孝者，元氣生德，才之所以爲才。人道相生相養之本出於天地，故伏羲作易，象法乾、坤以立人倫，文王繫辭，於乾、坤皆曰君子，孔子贊六十四象皆言「君子以」，此人所以立天地心，聖人所以盡性以盡人之性，贊天地之化育也。此章所陳，即易乾元天則，三才定位，既濟之道，乃開闢以來聖人繼天地、立人極之至教，故曾氏之徒以三才名章，非苟取天地人之目而已。

曾子曰：「甚哉，孝之大也。」

甚哉，二字補。語喟然，釋文。極嘆美之辭。五字補。

子曰：「夫孝，天之經也，地之義也，民之行也。釋文。行，下孟反，注同。

孝爲百三字補。行釋文。之本。二字補　取論語注義。

箋云：春秋繁露：「河間獻王問温城董君曰：『孝經曰：「夫孝，天之經，地之義」，何謂也？』對曰：『天有五行，木火土金水是也。木生火，火生土，土生金，金生水。水爲冬，金爲秋，土爲季夏，火爲夏，木爲春。春主生，夏主長，季夏主養，秋主收，冬主藏。藏，冬之所成也。是故父之所生，其子長之，父之所長，其子養之，父之所養，其子成之，諸父所爲，其子皆奉承而續行之，不敢不致如父之意，盡爲人之道也。故五行者，五行也。由此觀之，父授之，子受之，乃天之道也。故曰：「夫孝，天之經也」，此之謂也。』王曰：『善哉，天經既得聞之矣，愿聞地之義。』對曰：『地出雲爲雨，起氣爲風。風雨者，地之所爲，地不敢有其功名，必上之於天命，若從天氣者，故曰天風天雨也，莫曰地風地雨也。勤勞在地，名一歸於天，非至有義，其孰能行此？故下事上，如地事天也，可謂大忠矣。土者，火之子也。五行莫貴於土，土之於四時，無所命者，不與火分功名。木名春，火名夏，金名秋，水名冬。忠臣之義，孝子之行，取之土者，五行最貴者也，其義不可以加矣。五聲莫貴於是宮，五味莫美於甘，五色莫勝於黃，此謂孝者地之義也。』王曰：『善哉。』」五行對。延叔堅曰：「夫仁人之有孝，猶四體之有心腹，枝葉之有根本也。聖人知之，故曰：『夫孝，天之經也，地之義也，人之行也。』『君子務本，本立而道生，孝弟也者，其爲人之本與？』」後漢書延篤傳。

天地之經，而民是則之。

孝弟本亦作「悌」。恭敬，民皆樂之。釋文。

箋云：詩鄭說：「則，法也。」卷阿箋。是，春秋傳作實。

則天之明，因地之利，以順天下。是以其教不肅而成，其政不嚴而治。釋文。治，直吏反，注同。

則天因地，以利導民，故教不駿疾而自成，十六字補。政不煩苛釋文。而自二字補。治。釋文。

箋云：易虞說：「乾爲大明。」巽卦注。文言曰：「利者，義之和也。」禮鄭說：「肅，駿也。」禮運注　駿，同嚴峻之峻，急疾之義。

釋曰：此章言孝道本於天地，聖人因人所稟於天地自然之性，以利導民而民自化。申首章「以順天下」

之義，此節推所以順之之原。「甚哉」，尤異推極之辭。曾子聞夫子言立身治天下之道盡在於孝，故極嘆美之曰：甚矣哉，孝道之大也。夫子乃引而申之曰：夫孝非他，天以元氣生人生物，不易之常經也，地順承天，以廣生之大義也，民所以相愛相敬、相生相養，以立萬善之至行也。經，常也。義，宜也。董子以五行相承説天經，五行一元氣自然之流行，大明終始，維天之命，於穆不已，生理無間，是天之常；以地承天及土王四季説地義，天地皆生物，而地之生殖長育，必承天而行，土居四時之間，無所不生，而無所專主，惟受氣於天者，從而生之，直方大，不習无不利，是地之宜。蓋大哉乾元，萬物資始，至哉坤元，萬物資生。元者天地之本，萬物資之以爲心，所謂仁人心也。孝爲仁之本，元氣之最先見者，乾坤合於一元，道之大原出於天，天不變道亦不變，故曰天之經。地順承天，孝子之行、忠臣之義取諸地，故曰地之義。知孝爲天經地義，而人行之莫大於孝可知矣。又易乾天也，稱乎父，坤地也，稱乎母。乾元統天，坤順承天，雷、風、水、火、山、澤等爲六子，此天地之道，人倫所取法。孝爲天經、地義、民行，於是爲著。凡良知良能，與生俱生，出於自然而不可易，得乎人心之所同然而不可違，如戴天履地之必不容倒置，爲萬事根本者，謂之天經地義。故延叔堅引此經及論語，以明孝爲人之本。班孟堅亦云：「夫孝，天之經，地之義，民之行，舉大者言，故曰孝經」，與經文意義皆密合。天地皆以生生爲常德，地之義，所以率天常，統言則天地之經，經文上下義自相足。上云天之經，包地在内，地統於天也。下云天地之經，包義在内，義所以爲經也。天地之所以爲天地，一元氣之生生也，一元氣之生生而條理也，元氣無一息之間，一毫之差，是謂天地之經，在人則爲本心之孝。上文天經、地義、民行三者並舉，而人生於天地，民行即天經地義之在人者，天地之經而民實法之。故親生之膝下，自然知愛，以養父母日嚴，自然知敬，孝弟恭敬之行，民心皆樂之。聖人先得人心之所同然，法天經開物之明，因地義成務之利，以順天下人心，因其固有而導。是以其教不待急疾而自成，所謂「敬敷五教在寬」也，其政不待煩苛而自治，所謂「敷政優優」、「君爲正則百姓從正」也。蓋天地之元，民實資之，乾以易知，坤以簡能，不學而能，不慮而知，故曰「天地之經，而民是則之」。易則易知，簡則易從，易知則有親，易從則有功，有親則可久，有功則可大，易簡而天下之理得，故則天因地，以順天下，則人人親其親、長其長而天下平。明者，天之所以命人者也，孩提之童，無不知愛其親。天命之性，生而知之，因其性善而擴充之，是謂則天之明。利者，地之所以養人者也，君君、臣臣、父父、子子，則自天子至於庶人，各保其天下國家、身體髮膚以享土利，是謂因地之利。明莫著於三辰照臨，在人爲知覺條理，利莫備於五土高下，在人爲名分事業。天之明，人之所以知愛知敬也，地之利，人之所以能愛能敬也。利者，義之和也，即順也。地以至順承天，則品物咸亨，保合大和，親親敬長，則達之天下，和睦無怨。記曰：「君明，臣忠，父慈，子孝，兄良，弟弟，夫義，婦聽，長惠，幼順，謂之人義；講信修睦，謂之人利。」義利一也，未有不義而能利者。「天地之經，民是則之」，元也，中庸所謂「天命之謂性」也；「則天之明，因地之利，以順天下」，亨也，「率性之謂道」也；「教不肅而成，政不嚴而治」，利貞也，「修道之謂教」也。此論其理，下文及下章所言，則以乾元亨坤而至於利貞，致中和之事也。夫子論孝此言，多與左氏昭二十五年傳子産論禮同，蓋孝爲禮之始，至德要道，其義一也。易大傳、孝經、論語之言多見於左傳。蓋積古相傳，微言大訓，文、武之道未墜於地在人。夫子焉不學，多聞擇其善者而從之，此其明驗也。且時人所述古義，經夫子論定其理益精，所謂群言衷諸聖也，孔子之謂集大成，亦於此可窺矣。○治要引注云：「上從天子，下至庶人，皆當孝無終始，曾子乃知孝之爲大。」「無」當作「有」，義不誤。又云：「春秋冬夏，物有死生，天之經也。山川高下，水泉流通，地之義也。」於孝義殊不密合，經言孝爲天經地義，非言孝若天經地義也，此蓋依託者襲唐注之義。然疏引制旨云：「三辰迭運而一以經之者，大和之性也。五土分植而一以宜之者，大順之理也。」以大和大順釋天經地義，與孝義合，則自已彌縫其闕矣。又云：「孝悌恭敬，民之行也。」釋文出「孝弟恭敬，民皆樂之」二句，連屬不隔，今將二句割分兩處，且下句「民」上加「下」字，顯與陸所見鄭注不合。又云：「天有四時，地有高下，民居其間，當是而則之。」「是」字獨生異解，不合左傳，鄭注果爾，釋文、正義何不一及。又云：「則，視也，視天四時，無失其早晚也，因地高下所宜何等」，與元疏意大同，然此庶人章義，非此章義。彼論庶人之事而已，此則通論孝之理，不可混合。又云：「以，用也。用天四時地利，順治天下，下民皆樂之，是以其教不肅而成也。政不煩苛，故不嚴而治也。」大旨皆與注疏相近。

先王見教之可以化民也，

見因天地教化民唐注「民」作「人」，避太宗諱，今從釋文。之易也。注疏釋文出「民之易」、「也」四字。

箋云：春秋繁露曰：「孝弟者，所以安百姓也，百姓不安，則力其孝弟，身以化之。傳曰：『天生之，地載之，聖人教之。』君者，民之心也，民者，君之體也，心之所好，體必安之，君之所好，民必從之。故君民者，貴孝弟而好禮義，重仁廉而輕財利，躬親職此於上，而萬民聽生善於下矣，故曰：『先王見教之可以化民也。』」爲人者天。白虎通曰：「教者，效也。上爲之，下效之，民有質樸，不教不成，故孝經曰：『先王見教之可以化民。』」三教。

是故先之以博愛，而民莫遺其親，

箋云：春秋繁露曰：「先之以博愛，教以仁也。」同前。韓退之曰：「博愛謂之仁。」孟子曰：「未有仁而遺其親者也。」漢書刑法志曰：「上聖卓然先行敬讓博愛之德者，衆心説而從之」，又曰：「仁愛德讓，王道之本。」

陳之以德義，而民興行，

上好義好，呼報反，下好禮同。釋文。則民莫敢不服。六字依論語補。此及下注「好禮」，蓋皆引論語爲訓。

先之以敬讓，而民不争，

若文王敬讓於朝，虞、芮推畔於田。釋文。上行之，三字補。則下効之。釋文。「効」，俗字，當作「效」。

導之以禮樂，而民和睦，釋文。導音道，本或作道。臧云：「此當作『道，音導，本或作導。』論語『道千乘之國』釋文可證。」

上此字補。好禮，釋文。則民莫敢不敬。六字補。

示之以好惡，而民知禁。釋文。好，如字，又呼報反。惡，如字，注同，又烏路反。禁，金鴆反，注同。案「好惡」當讀去聲，此注蓋以懲惡勸善說「好惡」，學者見注有「惡」字，遂謂鄭讀如字耳。

勸善懲三字補。惡，釋文。示民有常，則民知七字補禁。釋文。

箋云：禮緇衣記曰：「君民者，章好以示民俗，慎惡以御民之淫，則民不惑矣。」鄭氏引孝經曰：「示之以好惡而民知禁」。

釋曰：此節正言順之之事，言教而政在其中。天之生此民，使先知覺後知，先覺覺後覺。聖人以道覺民，而教立焉，政之所由起也。「先王見教之可以化民」，言見則天因地以施教之順乎人心，可以化民，使和睦無怨也。因是之故，以至德要道之有於己者推之人，率先之以博愛，而民天良感發，無或遺棄其親；又陳列之以德義，而民皆興起爲善行；率先之以恭敬辭讓，而民自不争；因導引之以禮樂，而民相和睦。此四者，先王之所好，亦人心之所同好也。反是則先王之所惡，亦人心之所同惡也。有諸己而后求諸人，無諸己而后非諸人，明示之以好惡，而民自知所禁矣。此教所以不肅而成，即政所以不嚴而治，皆則天因地，由孝而出，後章所謂「其所因者本也」。黄氏謂：「此皆孝教，教以因道，道以因性，行其至順，而先王無事焉。博愛者，孝之施也；德義者，孝之制也；敬讓者，孝之致也；禮樂者，孝之文也；好惡者，孝之情也，五者先王之所以教也。虞書『百姓不親，五品不遜，汝作司徒，敬敷五教在寬』，敬寬在於上，親遜著於下，二者唐、虞之所以成治也。以唐、虞之教成唐、虞之治，而聖賢德業配於天地矣。」案先王之教，皆因天所命生人之性，而以盡其性者盡人之性。見者，先知先覺也。則天因地以順天下，以天治人也。見教之可以化民，因其固有而利導之，以人治人也。先之以博愛，先之以敬讓，以己治人也。以身教者從，至誠而不動者，未之有也。博愛者，本愛親之心以愛人，民興於愛，則惻然自動其孩提愛親之心，故莫遺其親。博愛，仁也，未有仁而遺其親者。聖人惟博愛，故民歸之而從其教。伏羲至純厚，所以能通神明之德，類萬物之情。聖人之所謂博愛者，親親而仁民，言愛則莫先愛親，愛親則自能愛人。故此經言「先之以博愛，而民莫遺其親」，與論語言「君子篤於親，則民興於仁」，理正一貫。本經天子「愛敬盡於事親，而德教加於百姓」，則庶人各「謹身節用，以養父母」，即此句之明義。文王施仁，降德於國人，而民無凍餒之老，是其事也。德，若周禮三德、六德。義，謂十義。愛親之心，德之本也。仁者仁此，義者宜此，忠者中此，信者信此。以爲君則明，以爲臣則忠，以爲兄則良，以爲弟則弟，以爲長則惠，以爲幼則順，無所處而不當也。陳者，張設布列之意。民既動其愛親之心，則可陳之以德義，而百行立矣。敬讓者，推敬親之心以敬人，敬則必讓。元氏云：「鄉飲酒義云：『先禮而後財，則民作敬讓而不争矣。』言君身先行敬讓，則天下自息貪競。」案恭敬之心，人皆有之，辭讓之心，人皆有之。凡有血氣，皆有争心，而人爲物靈，能相人偶，則皆有敬讓之心。先之以敬讓，則民自消其桀驁不馴之氣，平其貪得無厭之心，而無鬥辯暴亂之患矣。先之以博愛，先之以敬讓，以愛敬先天下也。博愛，仁也，德義之所從出也。敬者禮之本，讓者禮之實，樂與禮同體，能博愛敬讓，而後可以語禮樂。禮者，明父子、君臣、夫婦、長幼、朋友之倫，以各正其性命者也。樂者，達父慈子孝、兄良弟弟、夫義婦聽、長惠幼順、君仁臣忠之情，以保合大和者也。導之以禮樂，則民心合敬同愛而和睦矣。古者比閭族黨，屬民讀法，書其孝弟敬敏，任恤有學者，冠、昏、喪、祭、相見，既事爲之制，而又習之鄉飲酒、鄉射之禮，工歌笙閒合樂之等，鼓之舞之，使其心志百體皆由順正，履中蹈和而不自知，故先王之教禮樂可謂盛矣。以上四者，由愛親之心以愛人，而德義興焉；由敬親之心以敬人，敬以行愛，而禮樂成焉，順是則講信修睦，謂之人利。則天因地，人心所同好，是先王之所好也。反是則爭奪相殺，謂之人患，逆於天地，人心所同惡，是先王之所惡也。誠好善，知德之本，示之以所好，則民不賞而勸，所謂「上好仁，則下之爲仁爭先人」也。誠惡惡，知刑之本，示之以所惡，則民不威而懲，所謂「苟子之不欲，雖賞之不竊」也。如是則教化既行，政令不煩而民自知禁矣。説文：「禁，吉凶之忌也，从示。」示之以好惡，則民有恥且格，而於不善之事，若避吉凶之忌而莫敢犯然。此大學誠意之功，由「如惡惡臭，如好好色」，積而至於「大畏民志，使無訟者」也。先王因天地教化民之易如此，孝之所以爲大，至德要道之於天下所以爲順也。民之化與不化，視上所爲之順與不順，非嚴肅所能强也，故下引詩以明之。○注引論語「上好義」「上好禮」二句，蓋此文辭氣與論語正同。上之所好，民之歸也，順以教之，則無不化矣，董子所説深得經旨。注又云「虞、芮推畔」者，謂各讓其界畔之閒田也。○注「見因」句，治要同，又引注云：「先修人事，流化於民也。」「先修人事」句殊無意義，蓋依託者摘取元疏「人事則之，人事因之」之文而失之過略，致不成義。「上好禮」、「上好義」，皆引論語全句。「服」下有「也」字。「田」作「野」。下云：「上行之，則下效法之」，較釋文多「法」字。又云：「善者賞之，惡者罰之。民知禁不敢爲非也」，於不肅不嚴之義似未協。

詩云：『赫赫師尹，民具爾依上經例，鄭本當作爾。瞻。』」

師尹，若冢宰之屬也。女當視民釋文。所則順之。五字依上經義補。

箋云：詩毛、鄭說：「赫赫，顯盛貌。師尹，尹氏爲大師。具，俱。瞻，視。言女居三公之位，民俱視女之所謂。」

釋曰：詩，小雅節南山之篇。言天子大臣居高位，民皆於汝乎視瞻，汝能視民所則天地之經而順之，則民自化，否則邪辟失道，民無則焉。上有好者，下必有甚。汝欲善而民善，無庸恃赫赫之勢，以嚴肅爲治也。上稱先王而引詩師尹者，君道相同。爲人上者，總當率彼天常，以身化下。故緇衣説禹立三年，百姓以仁遂，并引甫刑「一人有慶」二句及此詩二句，與孝經天子章引甫刑證「德教加於百姓」，此章引此詩反證「先王教可以化民」，意正同。皇氏謂無先王在上之詩，斷章取此，固非。唐注謂「大臣助君行化」，元氏因以兩「先」屬之君，「陳之」、「導之」、「示之」等屬臣，亦失之泥。詩刺師尹，正以刺王。「民具爾瞻」，大臣如此，况其爲天下君乎？阮氏福謂：「周禮師氏教三德，三曰孝德以治逆惡，教三行，一曰孝行以親父母。教出於師，况乎太師。孔子引此詩，意固在民瞻，亦節取師字以爲政教之證。」或一義。○注云「若冢宰之屬」者，詩疏云：

「此刺其專恣，是三公用事者，明兼冢宰以統群職」是也。

孝治章　第八

釋曰：此章蒙上「則天因地」，「以順天下」之文，言明王本教以爲政，即先之以博愛，先之以敬讓之事，而德義、禮樂、好惡皆於是乎見。蓋概栝五孝終始、有慶無患之旨，以申民用和睦、上下無怨之義，故以孝治名章。孝爲德之本，教之所由生，即政之所由起，推愛親敬親之心以愛敬天下，本愛敬之心，行愛敬之政，萃天下之歡心以愛敬其親，而天下合敬同愛矣，是之謂孝治。古者政皆出於教，伏羲作十言之教，定人倫以興王道，堯、舜之道，孝弟而已，三代之學，皆明人倫。大學言治國曰：「不出家而成教于國」，言平天下曰：「興孝興弟。」中庸言：「脩道之謂教」，極於「致中和，贊化育」。三代以後，有道之君所以治天下者，皆本孔子六經之教，而孝經尤爲教本。「明王以孝治天下」一語，實括人倫王道之全，此中國盛隆之時，所以爲普天大地中至治之國，而聖人至德，所以「凡有血氣，莫不尊親」也。

子曰：「㫺者明王之以孝治天下也，不敢遺小國之臣，而況於公、侯、伯、子、男乎？釋文。㫺，正，皆仿此。然則經內字皆作「㫺」，今作「昔」，隸變。

昔，疑當依經作「答」。古也。公羊序疏。古者諸侯歲遣大夫，八字補。聘問天子無恙。釋文。雖小國之臣，以時接見乎天子，待之以禮，不敢遺也。二十字補。「以時接見」，取喪服傳義。古者諸侯五年一朝，釋文。直遙反，下注同。天子使世子郊迎，芻禾御覽作「米」，今依釋文。百車，以客禮待之，晝坐正殿，夜設庭寮，釋文。寮，本亦作燎。御覽同或本。思與相見，問其勞苦也。太平御覽一百四十七。釋文出「五年一朝」、「郊迎」、「芻禾百車」、「以客」、「夜設庭寮」十六字。客字音下空一格。云「本或作以客禮待之」。臧謂此後人校語，據釋文別本如此。孝經釋文多紀全句，此本是。周禮大行人疏引「世子郊迎」四字。儀禮覲禮疏引「天子使世子郊迎」一句　公者，正也。四字用疏引舊解補。當爲于僞反，下皆同。王者釋文。正行其事。四字用舊解補。侯者，候伺，釋文。爲釋文云「下皆同」，則爲字重見非一。王斥候而服事。六字用周禮職方氏疏及舊解補。伯者，長，釋文，丁丈反，下同。爲王者長人也。「爲」、「長」二字見釋文注。補四字成句。子者，字，字愛於小人也。九字用舊解補。男者，任也，釋文。案「男」、「任」聲通以疊韻爲訓。言任王之職事也。七字用舊解補。德不倍者，不異其爵，功不倍者，不異其土，故轉相半，別優劣。禮記王制疏　釋文出「德不倍」、「別」、「優」五字。

故得萬國之歡心，以事其先王。釋文。歡，字亦作懽。案今本作「懽」。

諸侯五年一朝天子，天子亦五年一巡守，禮記王制疏　釋文出「五年一巡守」五字。勞來釋文。撫綏，使遠方無不得其所。故萬國各脩其職，盡其歡心來助祭。二十四字約公羊隱八年解詁及元疏義補。

箋云：公羊何氏說：「王者與諸侯別治，勢不得朝朝暮夕。故即位比年使大夫小聘，三年使上卿大聘，四年又使大夫小聘。五年一朝。王者亦貴得天下之歡心，以事其先王，因助祭以述其職。」

釋曰：則天因地，以順天下，教之而化，即治之而治，故此章遂言明王孝治天下，以申和睦無怨之義。與上章本意理一貫，以語勢更端，故別稱子曰，後可例推。「昔者明王之以孝治天下也」，此句統領全章，爲此節發端。魯語：「古曰在昔，昔曰先民。」「昔者明王」，謂古先聖明之王，即以至德要道順天下之先王。前數章歷稱先王，此變文者，避下事其先王之文。蓋前章先王，即此明王，下文先王，則其祖考也。「以孝治天下」，謂以孝道治天下，推愛親敬親之心，以行愛敬天下之政。下治國治家，皆蒙此「以孝」之文。「不敢遺」及下「不敢侮」、「不敢失」，皆所謂不敢惡於人，不敢慢於人也。言昔者明王之以孝道順治天下也，於四海之内無不愛無不敬，不敢遺忽於小國之臣，而況於五等列國之君乎？故得萬國之歡心，合其愛敬，以孝事其先王。蓋以孝爲治，而治正所以爲孝也。黄氏云：「愛敬著於心，則惡慢遠於人。惡慢著於心，則怨讟生於下矣。聚順承歡，人道之至大者也，孟子曰：『舜盡事親之道而瞽叟底豫，瞽叟底豫而天下化，瞽叟底豫而天下之爲父子者定。』若舜可謂得萬國之歡心者矣。」案舜盡事親之道，生則底豫而天下化，尊親之至，以天下養，没則合萬國之歡心以祭。書曰：「祖考來格，群后德讓。」此舜免瞽叟之喪，奏韶樂以祭宗廟也。書大傳説天下諸侯見於周廟，皆金聲玉色，曰：「嗟子乎，此吾先君文、武之風也夫。」其歡心可想見矣。周禮大行人曰：「時聘以結諸侯之好。」注云：「諸侯使大夫來聘，親以禮見之。禮而遣之，以結其恩好。」詩曰：「嗟嗟臣工，敬爾在公。王釐耳成，來咨來茹。」言王平理汝之成功，有事當來謀度之。大行人、掌客諸職，言待諸侯之禮至備。詩曰：「無封靡於爾邦，維王其崇之。」中庸曰：「繼絶世，舉廢國，治亂持危，朝聘以時，厚往而薄來，所以懷諸侯也。」明王待諸侯及其臣如此，所以得萬國之歡心也。王者於天下之人無不愛敬，此以卑況尊，獨言小國之臣者，古之治天下以諸侯，而小大庶邦所與共牧民者，其臣也。小國之臣皆感激恩禮，敬服王命，勉助其君以惠恤群黎，稼穡匪懈，則天下之民無不被王之愛敬矣。書所謂「協和萬國，黎民於變時雍」也。以天子之尊而於小國之臣曰不敢者，明乎聖人仁覆天下，無衆寡，無小大，一以肫懇慎重之意待之，各隨其分以致吾愛敬。此節申惟然，故以誠感誠，得其歡心，而萬國如一體，以承歡於先王也。曰歡心，則百辟無不役志於享者矣。此節申言天子之孝。○注云「聘問天子無恙」，又云「五年一朝」者，據公羊謂何氏解詁「即位比年」三句，本孝經說。及五年一朝，皆與王制合。鄭君注孝經在注禮前，蓋據王制及孝經說爲義，後乃據周禮經正文及古文尚書說，考定虞、夏及周朝聘之年，以比年一小聘，三年一大聘，五年一朝爲晉文霸制，詳禮記疏。白虎通朝聘篇曰：「所以制朝聘之禮何？以尊君父，重孝道也。夫臣之事君，猶子之事父。欲全臣子之恩，一統尊君，故必朝聘也。聘者，問也。緣臣子欲知其君父無恙，又當奉土地所生珍物以助祭也。」又曰：「諸侯朝聘天子無恙，法度得無變更，所以考禮正刑，壹德以尊天子也。」此注問無恙之義。朝聘本出於尊君父之心，天子待之以禮，見周禮大行人、掌客等職，至詳至備，可謂不敢遺矣。君使臣以禮，則臣事君以忠，所以能得歡心也。云「天子使世子郊迎」者，皮氏云：「書大傳：『天子太子年十八曰孟侯，於四方諸侯來朝，迎於郊。』賈公彦禮疏以爲異代之法，非周制。依康誥『孟侯』伏生、鄭君之義，則周初猶沿世子迎侯之制，或周公制禮始改之。」

云「芻禾百車」者，大分言之，諸侯名位不同，禮亦異數，詳周禮。云「以客禮待之」者，天子於諸侯有不純臣之義，故朝、覲、宗、遇、會、同、聘、覜皆屬賓禮，大行人謂：「來朝者爲大賓，來聘者爲大客。」若二王之後，王所不臣，則禮又有異者矣。云「晝坐正殿」者，燕禮注云：「人君爲殿屋，蓋人君之堂，其屋四柱，秦、漢以後名爲殿。」鄭據漢法言之。五等名義，疏引舊解大旨與鄭同。「正行其事」，可與釋文引注「當爲王者」相屬，疑其本鄭，故斟酌取之。侯取候伺，周禮疏云：「爲王斥候。」史記李廣傳索隱曰：「斥，度也。候，視也，望也。」蓋備豫不虞之義。建侯爵土之制，並詳書、禮。云「天子五年一巡守」者，此唐、虞之制。公羊隱八年傳解詁曰：「天下雖平，恐遠方獨有不得其所，故五年親自巡守。」今取其義。云「來助祭」者，據聖治章義。白虎通云：「朝皆以夏之孟四月，因留助祭」是也。○治要引注云：「古者諸侯歲遣大夫聘問天子，天子待之以禮，此不遺小國之臣者也。」義無誤。又有「古者諸侯五年一朝」四句，重「天子」二句。又云：「諸侯五年一朝天子，各以其職來助祭宗廟，是得萬國之歡心，事其先王也。」亦無誤。

治國者不敢侮於鰥寡，而况於士民乎？

治國，謂諸侯。五字依下節注例補。丈夫六十無妻曰鰥，婦人五十無夫曰寡。詩桃夭疏、禮記王制疏「丈夫」作「男子」。廣韻二十八山、文選潘安仁關中詩注均摘引。士知義理。疏引舊解。民謂凡庶。八字補。

故得百姓之歡心，以事其先君。

箋云：記曰：「天子之祭也，與天下樂之。諸侯之祭也，與竟内樂之。」

釋曰：明王以孝治天下，則先之以博愛，而天下皆興於孝，有國有家者皆以孝治其所統矣。此節申言諸侯之孝。言以孝治國者，推愛親敬親之心以愛敬其國人，不敢輕侮於鰥夫寡婦至微弱之人，而況於知義理之士，衆庶之民乎？故得百姓之歡心，合其愛敬以孝事其先君。説文：「侮，傷也。」「傷，輕也。」常人之情，往往輕惸獨而畏高明。孝子仁人則一視同仁，皆以肫懇慎重之意視之，各稱其情以行吾愛敬，鰥寡則矜之恤之，使皆有所養，士民則富之教之，使各得其所。於人之所忽者而無敢忽，則於人之所不忽者可知矣。鰥、寡、孤、獨，天下之窮民而無告者，文王發政施仁，必先斯四者。舉鰥寡則孤獨在其中，彼其孤苦無依，朝不及夕，苟不先之，即侮之也。文王先是四者，非以其他士民爲可後也。聖人愛民，如天地之萬物並育，父母之衆子均養，微弱幽隱，不敢稍忽，情無不達，則濟濟之士、元元之民可知矣。故曰「不敢侮於鰥寡，而況於士民乎？」鰥寡免於戚戚近死之嗟，士民皆有熙熙樂生之心，所以得百姓之歡心以事其先君也。詩曰：「雨我公田，遂及我私。」言民皆愛其上，先公後私也。又曰：「彼有遺秉，此有滯穗，伊寡婦之利。」言民皆化於上，惠恤鰥寡也。又曰：「曾孫不怒，農夫克敏。曾孫之穡，以爲酒食。祀事孔明，先祖是皇。」春秋傳説：「奉牲以告」，謂民力之普存也；「奉盛以告」，謂其三時不害而民和年豐也；「奉酒醴以告」，謂其上下皆有嘉德而無違心也，是合百姓之愛敬以承歡於先君也。黄氏云：「治國而侮士民，則驕溢之過也。驕溢者，富貴之過也。驕溢不長存，富貴不長保，故失社稷、怒人民者比比也。書曰：『懷保小民，惠鮮鰥寡。自朝至于日中昃，不遑暇食，用咸和萬民。』詩曰：『惠于宗公，神罔是怨，神罔是恫』，文王之謂也。」案天子之有萬國，諸侯之有百姓，皆先王先君之所留遺也，不得其歡心，則先王先君之神其怨恫矣。故天子必使四海之内無一夫不獲，諸侯必使竟内之子孫無凍餒，而後爲能事其先王先君也。不敢遺、不敢侮、不敢失，盡人之性也。盡人之性正以盡吾之性，無他，孝而已矣。〇補云「治國，謂諸侯」者，明皇用魏注如此。此與下釋「治家」文法一例，或疏魏字係鄭之誤。上云「明王治天下」，故知治國謂諸侯，實則不敢侮鰥寡士民，天子自治王國亦然，諸侯正奉天子之政也。鰥寡，鄭皆據老者言，蓋衰老不復能嫁娶，或貧困不能自存，上必加惠以全其生。若婦人少寡，能守從一之義，孝事舅姑，長育孤子，或隻身無依，寧餓死不失節者，猶當敬禮旌表，乃爲不侮，非徒存恤而已。〇治要引注云：「治國者，諸侯也。」不誤。

治家者不敢失於臣妾，而況於妻子乎？

治家謂卿大夫。注疏「治」，唐注避諱作「理」，今改。臣，此字補。男子賤稱。釋文，稱，尺證反。下同。妾，女子賤四字補。稱。釋文。

箋云：孔子曰：「昔三代明王之政，必敬其妻子也有道。妻也者，親之主也，敢不敬與？子也者，親之後也，敢不敬與？」

故得人之歡心，以事其親。

小大盡節，釋文。助其奉三字用唐注補。養。釋文。

箋云：中庸曰：「詩曰：妻子好合，如鼓琴瑟。兄弟既翕，和樂且耽。宜爾室家，樂爾妻帑。子曰：『父母其順矣乎。』」朱子章句義。

釋曰：此節申言卿大夫之孝，而士庶人亦在其中。言孝治家者，推愛親敬親之心以愛敬其家人，不敢失於臣妾賤者，而況於妻爲親之主，子爲親之後者乎？故得家人小大之歡心，合其愛敬以孝事其親也。失，謂失道。孟子曰：「身不行道，不行於妻子，使人不以道，不能行於妻子。」妻者，與己共養親者也。子者，隨己以養親者也。臣妾者，助己以安親養親者也。孝子之有深愛者，其和氣愉色婉容，視無形，聽五聲，惟悦親是求。既足以深感妻子以及臣妾之心，且非法不言，非道不行，勗帥以敬，使人心服，而曲體人情，不欲勿施，又足以使在家無怨，故妻子皆篤於承歡，而臣妾亦勤於效力。一家之内，皆和氣所弭綸，而父母安樂之，以皓皓眉壽也。史稱萬石君子孫勝冠者在側，雖燕必冠，申申如也；僮僕，訢訢如也。其子建爲郎中令，已白首，萬石君尚無恙。每五日洗沐，歸謁親，入子舍。竊問侍者，取親中帬廁牏，身自澣洒，復與侍者，不敢令萬石君知之，以爲常。近曾氏國藩述其父麟書之行曰：「大父病痿痺，動止不良，喑不能言。即有所需，以頤使，以目求，即有苦，蹙頞而已。府君朝夕奉侍，常先意而得之。夜侍寢處，大父雅不欲頻煩驚召，而它僕殊不稱意。前後溲益數，一夕六七起。府君時其將起，則進器承之，少閒又如之，聽於無聲，不失分寸。嚴寒大溲，則令他人啟移手足，而身翼護之，或微沾污，輒滌除，易中衣。拂動甚微，終宵惕息。明旦則季父入侍，奉侍一如府君之法。久而諸孫孫婦，内外長幼，感化訓習，争取垢污襦袴浣濯爲樂，不知其有臭穢，或挽篵輿遊戲庭中，各有常程。大父病凡三載有奇，府君未嘗得一安枕，愈久而弭敬，是時府君年六十矣。」案事親如此，其於家人，有不化而以就養服勤爲歡者乎？事親如此，其於家人，有不推情盡禮而各得其歡以就養服勤者乎？我先祖先考妣先兄之情，實大類此，元弼敬述爲家傳。臣妾有二義，一以人倫言，禮喪服「斬衰三年」章「君」，注曰：「天子、諸侯及卿大夫有地者皆曰君。」又「妾爲君」，注曰：「妾謂夫爲君者，不得體之，加尊之也。」此卿大夫之家臣及媵妾。家臣如室老士之等，佐治家政以安我親者也。媵，佐君與女君以共事親者也。一以人類言，周禮九職，「八曰臣妾，聚斂疏材」，注曰：「臣妾，男女貧賤之稱。」書費誓曰：「誘臣妾」，蓋如後世之奴婢，注以爲男女賤稱。於尤賤者尚不敢失，則貴者可知矣。注又云：「小大盡節」，元疏云：「小謂臣妾，大謂妻子」是也。卿大夫兼有臣妾，士有妾而無臣，詳禮經校釋。亦有隸屬之人，庶人亦有分親等衰，要皆得其歡心，乃能與共事親。天子諸侯繼世而立，故云先王先君。大夫不世，位以才進，禄可逮養，故云事親。若受命之天子，始封之諸侯有父，及繼世之君事母，則皆以天下、以國家致歡奉養。大夫親没者，亦保建家室以敬宗廟。經義皆包見之。○唐氏文治云：「或問：孝以躬率妻子爲務，而此經先言不敢失於臣妾，何也？曰：此更有精義存焉。大凡士庶人之家，人子類能帥妻子以躬養其親，飲食親嘗，牀簟親拂，杖履親奉。逮卿大夫以上，家畜臣妾，父子異宮。其事親也，轉不能如士庶人之躬親。於是父母之起居飲食、衣服寒煖、飢飽燥濕之宜，胥有賴於臣妾。即情志之喜怒鬱愉，年歲之脩短，實懸於此輩之手。如是而可失乎？思之且通身汗下矣。故愚嘗謂卿大夫以上，當備知以上所言之義，其官守之清閒者，能如士庶人之朝夕常侍其親，不離左右，固爲最善。不得已，則宜令妻子深喻此義，躬養其親。再不得已，則分其職於臣妾，而不敢失一語。不特在己當書紳，亦當令妻子敬守之也。孔子有言：『惟女子與小人爲難養也。』家至釁嫌，半多啟於臣妾，務宜選温良謹順而合乎親意者，此尤治家之要務也。」案唐氏文治孝行甚篤，此說悱惻純至，皆由中之言。

夫然，故生則親安之，

養此字補。則致從夂，他皆仿此。俗作文，非。其樂。釋文此注蓋引紀孝行章文，今據補。

祭則鬼享之。

祭則致其嚴。五字補。

箋云：潛夫論曰：「孝經云：『夫然，故生則親安之，祭則鬼享之。』由此觀之，德義無違，神乃享。鬼神受享，福祚乃隆。故詩云：『降福穰穰，降福簡簡。威儀反反，既醉既飽，福祿來反。』此言人德義茂美，神歆享醉飽，乃反報之以福也。」享，古文作亯，說文曰：「亯，獻也。言人獻於神，此制字本義。从高省。曰象進孰物形。孝經曰：『祭則鬼亯之。』」言神享其所獻，引申義。

是以天下和平，災害不生，禍亂不作。故明王之以孝治天下也如此。

箋云：漢書禮樂志說周太平制禮曰：「於是教化浹洽，民用和睦，災害不生，禍亂不作，囹圄空虛，四十餘年。」

釋曰：此節結言民用和睦，上下無怨之義。上言以孝治天下、治國、治家者，皆得歡心以助其奉養祭祀。夫如是，故生則親安其養，合天下國家之歡心，以致其樂，安之至也。没則鬼享其祭，人神曰鬼，合天下之歡心以致其嚴，惟孝子爲能饗親。饗者，鄉也。鄉之然後能饗也，享、饗通。所以盡孝者如是。是以天下和睦無怨而太平，鬼神饗德而灾害不生，物無不懷仁而禍亂不作。蓋王者以孝治天下，則使有國者以孝治其國，有家者以孝治其家，天下合敬同愛，惟明王順之而得其歡心，故明王之以孝治天下也如此，所謂「一人有慶，兆民賴之」。孝有終始，則患不及，教可以化民，於是大彰明較著，此孝所以爲天經地義，其道莫大也。祭義曰：「養可能也，敬爲難。敬可能也，安爲難。」又曰：「君子生則敬養，死則敬享。」祭統曰：「祭者，所以追養繼孝也。」范氏祖禹云：「知幽莫如顯，知死莫如生，能事親則能事神。故生則親安之，祭則鬼享之，其理然也。夫孝，置之而塞乎天地，溥之則横乎四海，推一人之心而至於陰陽和，風雨時，故灾害不生，禮樂興，刑罰措，故禍亂不作。以天下之大而莫不順於一人，惟能孝也。」黄氏云：「甚矣，聚順之大也，聚天下之懽心以致二人之養，是薦上帝、配祖考之所從始也。生則聚順以爲養，死則聚順以爲祭，是仁人孝子之極致也。」阮氏云：「此反覆申明首章『民用和睦，上下無怨』之義。自古民之怨秦怨隋極矣，是以禍亂速作。唐之天寶，宋之新法，亦皆怨而不和，是以灾害禍亂。惟民心和睦者，天下必久太平。孔子之言，歷歷明驗矣。」案上章及此極言孝道之大，即易既濟之事，「天經」、「地義」、「民行」，太極本體，三才定位也；「見教之可以化民」，乾元亨，坤則利貞也；「明王以孝治天下」，「得萬國之歡心以事其先王」，乾元用九天下治，成既濟定也。治國、治家者各得其歡心，以事先君、事親，六十四卦皆資始於乾元，一卦有一卦之既濟也。事親以歡心爲大，歡心得則天下和平，災害不生，禍亂不作。乾道變化，各正性命，保合大和，雲行雨施而天下平，所謂聖人感人心而天下和平也。此伏羲定人倫、贊化育之極功，五帝、三王皆同此道。易蠱言孝道，而繼以臨「說而順」，「教思无窮，容保民無疆」，「咸臨，吉，無不利」，「大君之宜」，萃「王假有廟，致孝享」，「順以說，故聚」，「觀其所聚，而天地萬物之情可見」，皆此義。天反時爲災，地反物爲妖，民反德爲亂，亂則妖災生。君君、臣臣、父父、子子，人人親其親、長其長而天下平，則順氣洋溢，民和協於天地之性，而五福降，六沴消，人各得其所大欲而遠其所大惡，相生相養而殺機無由作矣。此易吉凶、洪範休咎垂教之大義。○治要引注云：「養則致其樂，故親安之也。」「享」作「饗」。引注云：「祭則致其嚴，故鬼饗之。」「饗」字與釋文不合。又云：「君惠臣忠，父慈子孝，是以禍亂無緣得起也。」又云：「故上明王所以災害不生，禍亂不作，以孝治天下，故致於此。」義皆無誤。

詩云：『有覺德行，四國順之。』」釋文。行，下孟反，注同。

覺，大也。注疏。釋文訓同。有大德三字補。行，釋文。則天下順從其政。七字補　用詩箋語。

釋曰：詩大雅抑之篇，引以證明王孝治，天下和平之義。孝爲至德，人行莫大，是大德行。明王有大德行，則博愛廣敬，盡得天下之歡心，四方之國皆順之，而和睦無怨矣。引詩「順」字，與上章「以順天下」相應，即遥結首章「順」字之義。順之而順，所以教不肅而成，政不嚴而治也。○治要引注云：「覺，大也。有大德行，四方之國，順而行之也。」義無誤，然疑用唐注。

聖治章　第九

釋曰：上兩章言孝爲天經地義，民是則之，先王深見教之可以化民，本之以治天下而天下大順。此章又推極探本，反復論之，以申首章孝爲德本，教所由生之義。蓋聖人至德，所以順治天下者在愛敬，而愛敬之本出於孝。治始於伏羲，而成於堯、舜，三王道同，至周公制禮而極盛。自古天下之治，禮教之備，莫如周公之時，而其道不外乎孝。孝之極即治之極，即聖人之德之極，故以聖治名章。

曾子曰：「敢問聖人之德，無以加於孝乎？」釋文聖從口正，從王非。案説文：「聖，通也。从耳呈聲。」呈，从口，壬聲。壬，篆作𡈼，他鼎切。子曰：「天地之性人爲貴，

貴其異於萬物也。注疏。

箋云：董子曰：「天地之精，所以生物者，莫貴於人，人受命乎天也，故超然有以倚。物疢疾莫能爲仁義，惟人獨能爲仁義。物疢疾莫能偶天地，惟人獨能偶天地。人有三百六十節，偶天之數也；形體骨肉，偶地

之厚也；上有耳目聰明，日月之象也；體有空竅理脈，川谷之象也；心有哀樂喜怒，神氣之類也。觀人之體，一何高物之甚而類於天也。物旁折，取天之陰陽以生活耳，而人乃爛然有其文理。是故凡物之形，莫不從伏旁折天地而行，人獨題直立端尚正正當之。是故所取天地少者旁折之，所取天地多者正當之。此見人之絶於物而參天地。」春秋繁露人副天數。又曰：「人受命於天，固超然異於群生。入有父子兄弟之親，出有君臣上下之誼，會聚相遇則有耆老長幼之施，粲然有文以相接，驩然有恩以相愛，此人之所以貴也。生五穀以食之，桑麻以衣之，六畜以養之，服牛乘馬，圈豹檻虎，是其得天之靈貴於物也。故孔子曰：『天地之性人爲貴。』」本傳對策。

人之行莫大於孝。

孝者，德之本也。六字用唐注補，與首章義互明。

孝莫大於嚴父，嚴父莫大於配天，則周公其人也。

箋云：禮記鄭説：「嚴猶尊也。」大傳注。白虎通曰：「王者所以祭天何，緣事父以事天也。」郊祀。易鄭説：「祀上帝，以配祖考者，使與天同享其功業。」豫卦注。平當曰：「夫孝子善述人之志，周公既成文、武之業，制作禮樂，修嚴父配天之事。知文王不欲以子臨父，故推而序之，上及於后稷而以配天。此聖人之德亡以加於孝也。」漢書本傳。

昔者周公郊祀后稷以配天，

郊者，祭天之名。宋書禮樂志三。后稷，周公始祖。六字據釋文補。東方青帝靈威仰，周爲木德，威仰木帝，以后稷配蒼龍精也。疏。今本疏「木帝」下有脱文。阮氏福據儀禮經傳通解續補廿五字，有「以后稷配」句。

宗祀文王於明堂以配上帝。

明堂者，天子布政之堂。明堂之制，八窻四闥，上圓下方，在國之南。玉海郊祀明堂。御覽一百八十八，白孔六帖十俱節引。疏引「窻」作「牖」，「在」作「居」。南是明陽之地，故曰明堂。疏。上帝者，天之别名也。神無二主，故異其處，辟音避　此字從釋文。后稷也。史記封禪書集解，續漢書祭祀志中注無「上」「也」字。宋書禮志三作「明堂異處以避后稷。」南齊書禮志上，困學紀聞七，唐書王仲丘傳引作「上帝亦天也，神無二主，但異其處以避后稷。」釋文出「故異其處」，「辟后稷也」八字。

箋云：禮記鄭説：「郊祀后稷以配天，配靈威仰也。宗祀文王於明堂以配上帝，汎配五帝也。」大傳注。

是以四海之内，各以其職來祭。

周公致孝享，崇禮七字補。於朝，釋文。德教形于四海，至於八字補。越嘗重譯釋文。來貢。至德感應，無思不服。十字取感應章經注補。

箋云：書大傳説：「周公卜洛邑，營成周，立宗廟，序祭祀，制禮樂，一統天下，合和四海，而致諸侯，皆莫不依紳端冕以奉祭祀者。天下諸侯之悉來進受命於周，而退見文、武之尸者，千七百七十三諸侯，皆莫不磬折玉音金聲。然後周公與升歌而絃文、武，諸侯在廟中者，伋然淵其志，和其情，愀然若復見文、武之身。然後曰：『嗟子乎，此蓋吾先君文、武之風也夫。』故周人追祖文王而宗武王也。」

夫聖人之德，又何以加於孝乎？

釋曰：此章言聖人至德，光被四表，不過盡孝之能事。蓋聖人治天下之道盡於愛敬，而愛敬之本出於愛親敬親之心，與生俱生。此心置之而塞乎天地，溥之而横乎四海，是以因性立教而天下之治出焉。此孝所以爲德之本，教之所由生也。曾子問聖人之德，無以加於孝否，因上文夫子極言孝道之大，欲更推闡以盡其義，故發此問。夫子申言之曰：聖人者，體天地立人極者也。天地以元氣生人生物，萬物資始於乾，資生於坤，各得天地之性以爲性，而物得其粗，人得其精，物得其偏，人得其全，故天地之性人爲最貴。天地之性，即元亨利貞易簡之善，在人爲仁義禮智信之德，而五常皆出於仁，仁本於孝。因性以立行，父子有親，君臣有義，夫婦有别，長幼有序，朋友有信，親親而仁民，仁民而愛物，德可久，業可大，而五倫始於父子，百行皆由此推，故人之行莫大於孝。孝之道盡愛敬於父母，而天之生物，使之一本，家無二尊，母統於父。類族辯物，則血統相傳百世不亂，由父而祖而曾高而始祖，以推極於天。繼志述事，堂構負荷，則有子克家，資於事父以事母。生則子婦極甘旨歡心以養，没則鋪筵同几以配而享。敬守其父之業，乃能安樂其母，故孝莫大於尊嚴其父。嚴父之道，父作之，子述之。生則敬養，没則敬享。仁人事親如事天，事天如事親，此理無限尊卑。而聖人在天子之位，太平德洽，率天下尊其親以配天，尤爲立孝道之極。故嚴父莫大於配天，則古之聖人周公是其人也。昔者武王崩，成王幼，周公攝天子之政，明光上下，勤施四方，誕保文、武受命，格於皇天。攝政五年，於洛邑行郊禮祀天，本文王受命所自來，以始祖后稷配。又於明堂行宗禮祀上帝，以文王配。周公以孝治天下，行嚴父尊祖配天之禮如是。是以四海之内諸侯，各以其職貢來助祭。夫然，則聖人之德，又何以加於孝乎？蓋大孝尊親，博施備物，使天之所生，地之所養，祖父之所全付，凡有血氣，無不被我愛敬，以萬國之歡心事其先王，集天下之和氣升之郊廟，而後爲無所毀傷，而後孝之能事畢。郊祀宗祀配以祖父，此周公立人倫之極，爲制禮之本。孝莫大於嚴父，故周禮以尊尊統親親，萬世彝倫於是敘焉。此節之文，義理深廣，此述其略，更推説之如下。○天地之性人爲貴，民受天地之中以生。記曰：「人者，天地之德，五行之秀氣。」故聖人作易順性命之理，以人道仁義，參天道陰陽、地道剛柔。中庸所謂「天命之謂性」，孟子所以道性善也。人之行莫大於孝，良知良能，仁義達之天下，所謂「率性之謂道」也。孝莫大於嚴父，聖人制禮之本，所謂「修道之謂教」也。嚴父莫大於配天，孝治天下之極功，「大報本反始」，「致中和，贊化育」，使「凡有血氣，莫不尊親」，「同於天」也。阮氏云：「孝經言『天地之性人爲貴』，可見人與物同受天性，惟人有德行，行首於孝，所以爲貴，而物則無之也。性字本從心從生，先有生字，後造性字。商、周古人造此字時即以諧聲，聲亦意也。告子「生之謂性」一言，本古訓。而告子誤解古訓，竟無人物善惡之分，其意中竟欲以禽獸之生與人之生同論，與孝經人爲貴之言大悖，是以孟子闢之。蓋人性雖有智愚，然皆善者也。」焦氏循説伏羲之畫卦云：「情性之大，莫若男女，人之性，孰不欲男女之有別也。方人道未定，不能自覺，聖人以先覺覺之，故不煩言而民已悟焉。民知母而不知父，與禽獸同。伏羲作八卦而民悟，禽獸仍不悟也。此人性之善所以異乎禽獸。」案人性之善，絶乎物而參天地者，在知三綱五常。孩提愛親，五常之本；別夫婦以正父子，三綱之本。聖人愛敬天下，生養保全萬萬生靈之盛德大業，皆從此出，故曰：「人之行莫大於孝」，「明王以孝治天下」。善父母爲孝，親生之膝下，罔極之恩同，以養父母日嚴，家人嚴君之義同。而父者子之天，母統於父，人道之正，父子世世相傳。下治則由子孫以迄於無窮，上治則由父而祖，以推極於天。子之生也，母養之，父教之。子續父業，乃能盡資父事母之孝，而祖父母以上皆敬養敬享。是以饋食之禮，薦歲事於皇祖，以某妃配某氏。而周人之詩，美太王、王季、文王之功德，並及太姜、太任、太姒，且上溯后稷而推本於姜嫄。惟嚴父，故歷千載之久而統系一貫，報本追遠，考妣同享，永永無極。此伏羲作易乾元統天、坤元順承之大義。至周公制禮而其道始盡者，孝莫大於嚴父，凡人所同也，嚴父莫大於配天，則孝治天下者所獨，故特舉周公之事以明之。周公攝政，即王者之事也。據祭法，夏后氏郊鯀宗禹，殷人宗湯，則嚴父配天不始周公。孔子獨稱周公其人者，記言宗禹宗湯是後王之事，配天之祭與宗廟異。天與賢則與賢，天與子則與子。堯授舜，舜授禹，皆天命。舜之大孝，以天下養，宗廟饗之。而配天之祭，則必順天意，以天命授己者爲神主而不敢私。禹勤事幹蠱，天下聖禹而神鯀，亦率萬國以享鯀於廟，而配天則當祀舜。及啟以後，乃以禹配宗祀，又以禹修鯀功而配鯀於郊。夏、殷宗禹宗湯，始自何王，經傳無文。惟周公以大聖致天下太平，行郊祀宗祀之禮，而普天率土，各以其職，至於越裳重譯來貢，德教流行，莫不被義從化，極千載一時之盛。且當周家多難之時，而定八百年之丕基。昔武王欲以天下授周公，而周公不受，輔相教導成王，使能揜迹於文、武。制禮作樂，治定功成，復子明辟，立子道、弟道、臣道之極，故夫子心希神往而獨稱之。阮氏説：「周初滅紂之後，武王歸鎬，殷士未服者多。此時鎬京尚未以后稷配天，以文王配上帝，各國諸侯亦未全往鎬京，侯服于周。成王又幼有家難。於是周公攝政之五年，與召公謀，就洛營新邑，洪大誥治，祀天與上帝，以后稷、文王配之。后稷、文王爲人心所服，庶幾各諸侯及商子孫、殷士皆來和會，爲臣助祭多遜，始可定爲紹上帝受天定命也。惟時成王未遽來洛，於是召公先來洛卜宅。十餘日攻位即成，惟位而已，各土功未成也。三月望後，周公來達觀所營之位，知殷民肯來攻位，遂及此時洪大誥治，即用一二牲於郊，以后稷配天，且祭社矣。召誥之『用牲於郊』，即孝經之『郊祀后稷配天』也。於是始定爲周基受天命矣。明堂功雖將成，尚未及配天。周公行宗祀之禮，當在季秋。月令季秋大饗帝，或以始祀之月爲常月。四海諸侯殷士皆來助祭。洛誥宗禮，即孝經『宗祀文王於明堂』之禮也。故孔子舉配天專屬之周公其人。」案阮氏以召誥用郊、洛誥宗禮證孝經，至確。引其書、詩未盡當。孝經學解紛據陳氏澧所刪取，猶有可疑，今更約而精之。詩思文，后稷配天也，此郊祀樂歌也。我將，祀文王於明堂也，宗祀樂歌也。至六年制禮作樂，朝諸侯，祭於明堂告成功也。祀五天帝、五人帝，以文王、武王配。書所謂：「單文祖德」，「曰明禋」者，則祖文王而宗武王矣，又率諸侯禋於文王、武王之廟。詩清廟，蓋其樂歌也。至七年致政成王，王在新邑烝。明年正月朝享，又以二騂合祭文、武。自是用周禮郊祀宗祀，及宗廟禘祫時享之禮，諸侯皆來助祭以爲常，烈文之詩是也。孔子稱武王、周公達孝。據逸周書后稷配天之禮，武王已行之，而明堂則周公作雒始建。樂記「祀乎明堂而民知孝」，謂祀於文王廟，非祭天之明堂。嚴父必推始祖以配天，文王之志也。將定宗禮而先以文王配上帝，武王之志也。周公大聖，以博愛廣敬成文、武之德，故能行郊祀宗祀，合萬國之歡心，以尊事其先王，同於天帝。然則聖人之德又何以加於孝乎？後章言「孝弟之至，通于神明，光於四海」，亦此意也。周禮有「至德」、「敏德」，皆從孝德而推廣。孔子舉周公之事，以明聖人之德無以加於孝，則周禮所謂「至德」者，孝之至而已。中庸「大孝」三章義同。○注云：「郊者，祭天之名。」據周禮、禮記鄭義，祭天大禮有三：冬日至，祀昊天上帝於圜丘曰禘，殷、周皆以帝嚳配；夏正，祀感生之帝於南郊曰郊，周人以后稷配；季秋，大享五天帝、五人帝於明堂曰祖宗，以文王、武王配。備言則曰祖宗，約舉則惟曰宗。祀天有圜丘，有郊，有明堂；祀地有方澤，有北郊，有社。方澤祭大地之神，猶昊天也；北郊祭神州中土之神，猶感生上帝也；社祭五土之神，禮雖卑於明堂，而總祭山林川澤等五土，亦大享之意也。蓋明王事父孝，故事天明，事母孝，故事地察。明，故識其氣之運行；察，故辨其形之分理。昊天上帝，乾元也。五精之帝，時之元氣，以王而行者也。立天之道曰陰與陽，而陰陽之精爲五行。五行之氣，在一歲則分主四時，在古往今來則迭成運會。故王者之先祖，皆感太微五帝之精以生。萬物資始於乾元，故冬至祭昊天，本乾元所始也。五精爲乾元之行，王者皆乘五德之運而興，本其祖之所感生，而以孟春郊祭之，乾元發生著見之始也。祖之所自出雖止一帝，而萬物皆備五行之氣以生，乾元周流無不遍，四時盛德雖各有所在，而實無時偏廢，故既有迎氣分祀，又以季秋大享五帝，乾元之成，且西北乾位也。此其理之灼然可推者。以萬物所自始言曰天，以主宰在上言曰上帝。昊天至尊無上，無所不生，以地擬之，則大地之神也。五精之帝專主一行一時、一運一方，以地擬之，在中土則神州之神也。地有山林川澤等五土，猶天有五精也。故五土皆有分祀，而總祀於大社。圜丘、方澤至尊，以遠祖聖人爲天子者配，不必一代之祖也。南郊以當代始祖配，本所自出也，北郊同。明堂以受命有天下之王配，始祖創業垂統之成功也。社稷與宗廟相對，惟以古之有功德者配矣。昊天之位在北辰，五帝之座在太微，大地之神主昆侖，此成象成形可見者。靈威仰、赤熛怒之等，蓋周禮所謂神號，如爾雅「閼逢」、「攝提格」之等，傳述必自有來矣。曰蒼龍精者，龍以喻陽氣天德，非蒼龍宿之謂。郊丘明堂，自王肅亂禮以來，聚訟紛紜。近儒孫氏星衍、阮氏元、陳氏澧始暢通厥旨，詳禮經。○阮氏元云：「禮記禮器正義，公羊僖公十五年疏，後漢書班彪傳注並引作「各以其職來助祭」，是經本有『助』字。」案此或所據本異，或以義增成，言來祭則助義自在其中，經文至重，不可輒增。○治要引注「貴其」句同。又云：「孝者，德之本，又何加焉。」又云：「莫大於原脱「於」字，嚴增。尊嚴其父。」又云：「尊嚴其父莫大於配天，生事愛敬，死爲神主也。」又云：「尊嚴其父配食天者，周公爲之。郊者，祭天之名。后稷者，周公始祖。文王，周公之父。明堂，天子布政之宮。周公行孝於原脱於字，嚴增。朝。越裳重譯來貢。是得萬國之歡心也。」又云：「孝悌之至，通于神明，豈聖人所能加。」義皆無誤。

故親生之膝下，以養父母日嚴。釋文。日，人實反。注同。

養則二字補。致其樂，釋文。音洛，下樂同。居則致其敬。五字補。日釋文。行孝無怠。四字補。

箋云：孟子趙氏說：「生之膝下，一體而分，喘息呼吸，氣通於親。」告子下章指。楚辭王逸說：「孝經曰：『故親生之膝下』，言下母之體而生。」離騷章句。陸氏曰：「日者，實也。日日行孝，故無闕也，象日。」數語或本注文，以未明引，疑未敢定，要爲鄭學古義。易曰：「家人有嚴君焉，父母之謂也。」

聖人因嚴以教敬，因親以教愛。

因親嚴之性，起愛敬之教，舊說：嚴主於父，十六字補。親近於母。

聖人之教不肅而成，其政不嚴而治。

因性立教，民皆六字補。樂釋文。之。施于有政，五字補。不令而行。釋文。

其所因者本也。

本，謂孝也。注疏。

父子之道天性也，君臣之義也。

箋云：中庸曰：「天命之謂性，率性之謂道。」孟子曰：「人之有道也，父子有親，君臣有義。」經曰：「資於事父以事君。」

父母生之，續莫釋文作「焉」。大焉；君親臨之，厚莫重焉。

續，相續也，釋文訓，疑本注文。猶屬也。骨肉相連，屬毛離裏，恩至深，實生愛。有父之親，有君之尊，義至重，實生敬。人道大本，三十九字補。復何加焉。釋文。

釋曰：此節正明孝爲德本，教所由生之義。上言聖人愛敬天下之極功，不過盡孝之能事。蓋愛人敬人本於愛親敬親，而愛親敬親之心出於民之初生，故此節復探本言之。「親生之膝下」，親，如親見親授之親，謂親身也。據趙邠卿、王叔師説，則經意謂親身生之膝下，惟親生之，故其性爲親，而即謂生我者爲親。孩提之童，無不知愛其親也。「以養父母日嚴」，謂既生而少長，以事父母，自然知尊嚴。養則致其樂，居則致其敬，皆由幼小浸長自然而然。蓋親則必嚴，有眷戀依慕之誠，自有慎重畏服之意。孩提之童，他無所知，惟父母教令是從，惟父母顔色不悦是懼。親者性，嚴者亦性也。言孝之道出於人之所由生，故親身生之膝下，鞠育漸長，以奉養父母日加尊嚴。聖人因其性之親以教愛，且推愛親之心以愛人，因其性之嚴以教敬，且推敬親之心以敬人。聖人之教不肅而成，其施之政不嚴而治，其所因者，人之本性也，此孝所以爲德之本，教所由生也。顧氏炎武云：「孩提之童，知愛而已，稍長然後知敬。知敬然後能嚴。子曰：『今之孝者，是謂能養，至於犬馬，皆能有養。不敬，何以别乎？』故『雞初鳴而衣服，至於寢門外』，『問衣燠寒，疾痛苛癢而敬抑搔之。出入，則或先或後，而敬扶持之』，敬之始也。詩云：『戰戰兢兢，如臨深淵，如履薄冰。』『而今而後，吾知勉夫』，敬之終也。日嚴者，與日而俱進之謂。」案因親日嚴，家人嚴君之義，父母所同。而母養之，父教之，子之於親，每覺母親而父尤尊。子之事親，必由能敬以盡其愛，以養父母日嚴，即嚴父之義所由起。親嚴其親，孝也。因嚴教敬，因親教愛，即禮也。讀孝經而後知冠、昏、喪、祭、聘、覲、射、鄉，凡所以教愛教敬者，皆順乎人情而原於天性，故曰：「其所因者本也」。「父子之道」以下，又申足其義。親生之膝下而知親，此心與生俱生，是謂性。故父子之道，本天所生之性也。性者，生也。天性，猶云天生。父母之愛其子，子之親其父母，且因親而生嚴，皆天生自然，是謂父子之道，家人有嚴君之義。由是資於事父以事君，而君臣之義起焉。人類有會歸，而後人人得保其父子，天下國家身體髮膚，父傳之，子受之。上下各思其永保其父子，而後君臣各盡其道。故父子之道爲君臣之義所自出，所以孝子事君必忠焉。「父母生之，續莫大焉」，承天性言之。「君親臨之，厚莫重焉」，承君臣之義言之。續，猶屬也。五服之親，皆骨肉相連屬，而父母生之，一體而分，血統相繼，故續莫大焉。長幼之施，朋友之誼，睦婣任恤，皆相厚之道，而有父之親，有君之尊，生養教誨，全付有家，永保勿替，故厚莫重焉。故愛敬他人，必自愛親敬親推之，而聖人之德，無以加於孝。此節言性道教，爲中庸義所本。子之親嚴其父母，天生自然，不學而能，不慮而知，所謂「天命之謂性」也。故孟子道性善，天性親嚴，是謂父子之道，五倫皆從此起，所謂「率性之謂道」，「天下之達道五」也。聖人因人親嚴之天性而教之愛敬，所謂「修道之謂教」也。「父子之道天性」，「自誠明，謂之性」也。「因嚴教敬，因親教愛」，「自明誠，謂之教」也。○唐氏云：「讀此經而知父兮生我，母兮鞠我，拊我畜我，長我育我，顧我復我，出入腹我，斯時人子親愛之心純然無所雜也。及長，父母日嚴即日疏，而人子親愛之心亦日漓矣。古人所以定父母惟親字，見其當終身親之，而痛其日疏日遠也。然則人子可不瞿然顧念，而及時盡孝乎？」案此說甚善，但父母日嚴，細擇經意，當屬以養讀。就人子言，蓋此嚴字，與上文「嚴父」下文「因嚴」義同。嚴即從親出，如視無形，聽無聲，戰戰兢兢，無敢怠忽是也。舜烝烝日致其孝，可謂日嚴之至者矣。首章言「身體髮膚，受之父母」，此言

「親生之膝下」，又言「父母生之，續莫大焉」，人受氣於父而孕於母，所謂資始乾元，由坤而生。方其初妊，母體即不能平安，一月而胚，三月而胎，以至弭月。子之形益長，即母之體益困，父之心益勞，所謂其血玄黃，未離其類，陽未出震，其象爲戰者也。及生之膝下，呱呱墜地之時，動乎險中，母之安危，懸於俄頃，父之喜懼，瞬息不安。子生之日，正母難之日。故乾、坤之後繼以屯，天地生人，父母生子，一也。由是而懷抱鞠育，不知幾經勞瘁。少長而教之，使之克家，又不知幾經勞瘁，故屯之後繼以蒙。言念及此，而親愛嚴敬之心，忍須臾忘乎？天地生人，屯建侯以作之君，故君臣之義，緣父子而起。蒙養正以作之師，故聖人之教，因性而立也。○釋文出注「親近於母」四字，元疏云：「舊注取士章之義，而分愛敬父母之别。」云舊注不云鄭注，竊謂經言「親生之膝下，以養父母日嚴」。非謂親專屬母，嚴專屬父。注引「致其樂」以釋養，必引「致其敬」以釋嚴，豈當以致樂偏屬母，致敬偏屬父？此處必自爲説而附存舊義，故補之如此。士章「資於事父以事母而愛同」，並非愛敬偏屬父母之謂。經凡言愛敬，皆先愛後敬，此獨先敬後愛者，乘上「日嚴」之文，由語勢便耳。舊説蓋以上言嚴父，則嚴義尤主於父。親生之膝下，謂兒墮地，則親義近於屬母。因此以教愛敬，則父母兼之。嚴主父，親主母，故此文獨先敬後愛，理亦通，故鄭兼存之。釋文解「日嚴」二字甚詳，蓋據鄭義爲説。然經義本明，而陸必云爾者，竊疑漢書藝文志云：「『父母生之，續莫大焉』，『故親生之膝下』，諸家説不安處，古文字讀皆異。」今其異者無考，或「日」字舊有讀「曰」字者，則義較迂回，故陸正定之。又「續莫大焉」，釋文作「續焉大焉」，或舊有此本，上「焉」當訓「何」。然漢書及注皆作「莫」，陸不分别異字，則鄭本當與各本同，作「焉」當係别本，寫釋文者偶據之，附辨以廣異義。○治要引注云：「因人尊嚴其父，教之爲敬。因親近於其父，嚴據釋文改爲「母」。教之爲愛，順人情也。」案此與「致其樂」義歧，非鄭注，辨見上。又云：「聖人因人情而教民，民皆樂之，故不肅而成也。其身正不令而行，故不嚴而治。」義無誤。又云：「本謂孝也。」與注疏同。又云：「性，常也。」案性義本明，訓常反晦。此摘取唐注失之。又云：「君臣非有天性，但義合耳。」釋君臣之義，與父子之性劃分兩事，上下乖隔，全失經文語，如此則「之」字何解。且既訓性爲常，又云：「君臣非有天性」，君臣獨非天常乎？鄭注必不如此。又云：「父母生之，骨肉相連屬，復何加焉。」不誤。又云：「君親擇賢，顯之以爵，寵之以禄，厚之至也。」失與前同。

故不愛其親而愛他人者，謂之悖德。釋文悖，補對反。注及下同。

不敬其親而敬他人者，謂之悖禮。

悖，釋文。猶逆也。三字用鄭大學注補。

箋云：明皇曰：「於德禮爲悖也。」

以順則逆，民無則焉。不在於善，而皆在於凶德。

以悖爲順，則逆天地之經，民所不則，其所厚者薄而其所薄者厚，未之有。本實先撥，阿私黨惡，天下受其亂，四十一字細繹經注義補。若桀、紂是也。釋文。疏引此句上有「悖」字，蓋約注上文。

雖得之，君子不貴也。

箋云：春秋繁露曰：「『雖得之，原誤「難得者」，今讀正。君子不貴』，教以義也。」爲人者天。

釋曰：此以下反覆推論。明聖人愛敬政教一本乎孝，更無以加。記曰：「樂自順此生，刑自反此作。」此節言其反以爲戒，春秋所以討亂賊、撥亂世反諸正也。父母生之，續莫大，君親臨之，厚莫重。故愛親，愛之本也，推愛親之心以及他人，各稱其情以行吾愛，而仁不可勝用，是之謂德。敬親，敬之本也，推敬親之心以及他人，各隨其分以致吾敬，而義不可勝用，是之謂禮。若不愛其親而愛他人者，其愛也，於天性之恩反，謂之悖德而已。不敬其親而敬他人者，其敬也，於天秩之義反，謂之悖禮而已。愛敬統言皆德也，亦皆禮也。析言則愛屬仁，敬屬義，德主仁，禮行義，德禮即仁義，亦即仁禮。孟子言「親親仁，敬長義」，又言「仁者愛人，有禮者敬人」，皆本孝經義。德禮本於愛親敬親，故以順天下而順，所謂「天地之經，而民是則之」。若以悖德悖禮爲順，則是逆也，反易天常，拂人之性，民無則焉。不在乎博愛廣敬之善道，而皆在乎大亂之凶德。雖以詐力得人，終必積惡滅身。君子之所甚賤深惡，不以爲貴也。注以桀、紂擬之，蓋悖德悖禮之人，其愛敬他人，豈出於仁義之良心？不過與我善者則以爲善人，淫朋比德以大惡於民，若桀、紂不念厥祖，爲天下逋逃主萃淵藪，以行暴虐姦宄，是也。凡善必吉，惡必凶，經上言善，下言凶德，即易吉凶垂教之義。德禮本主善，反之則爲悖爲凶。他經或言惡德，或言慝禮，皆同義。〇春秋傳季文子使太史克數莒僕之罪，以對宣公，曰：「先君周公制周禮，曰：『則以觀德，德以處事，事以度功，功以食民。』作誓命曰：『毀則謂賊，掩賊爲藏，竊賄爲盜，盜器爲姦，主藏之名，賴姦之用，爲大凶德。有常無赦，在九刑不忘。』行父還觀莒僕，莫可則也。孝敬忠信爲吉德，盜賊藏姦爲凶德。夫莒僕，則其孝敬，則弑君父矣；則其忠信，則竊寶玉矣。其人則盜賊也，其器則姦兆也。保而利之，則主藏也。以訓則昏，民無則焉。不度於善而皆在於凶德，是以去之。」案史克述周公之訓，以正亂賊之罪，孝經用其語，此即魯之春秋其文則史，而孔子取其義，可見春秋、孝經相輔爲教。又可見孝經明大順，春秋誅大逆，皆本於周公之則。則，法也。至德要道則天下順，悖德悖禮則民無則，此可見人性之善好惡之同。「則以觀德」者，立父子君臣之則，以觀孝敬忠信之德。有孝敬忠信之德，則親親、仁民、愛物、相生、相養、相保之事功皆從此起，未有事功不本於德者。漢制使天下誦孝經，東漢節義之所以盛，國本之所以固也。曹操欲求不孝、不弟、污辱之人而有濟國安民之略者，魏之所以遽見篡奪。魏、晉以後，所以數百年天下大亂，綱常墜地，生民塗炭，所謂『雖得之，君子不貴』，聖人之言，豈不大彰明較著哉？凡事之不近人情者，鮮不爲大姦慝。不愛敬其親而愛敬他人者，豈真能愛敬他人哉？將收拾人心，要結死黨，以濟其大姦大惡，其始誘以鉤餌，其終納之湯火。先爲邪説淫辭，以蠱惑迷亂人之心志，而後使人忘其親、忘其身而從之，如病風發狂，蹈河掬火，陷於悖逆誅死之地而後已。故墨翟之兼愛，非兼愛也，兼惡也；其無父也，將以無君也。彼其人有精明强忍之才，博物多能之學，以兼愛之説招集徒黨。設積日累久，諸侯稍衰，將無事不可爲。彼見君臣之義之出於父子也，於是先決父子之倫，彼恐人之讀書，知大義而不信己也，於是教人不讀書。鞅、斯之焚書，以肆其凶虐，曹操之求不孝不弟之人，以爲篡漢先聲，皆此意也。三綱相須而成。今日之爲邪説者，又欲決夫婦之綱，以亂天下之父子，以顛倒君臣，則其智更奸，其禍更速矣。夫人情莫不欲人之愛己，聖人之愛人也以至誠，姦人之愛人也以大僞。誠僞之别，萬萬生靈生死之關，何以别之？以其愛親與不愛親别之。故孝經者，仁之至，智之盡。以孝經之道觀人，視其所以，觀其所由，察其所安，人心之厚薄邪正不爽毫黍。莊子曰：「盗不得聖人之道不行，爲之權衡以信之，則并與權衡而竊之。」夫苟以孝經爲權衡，凶德之盗惡從而竊之哉。鄭君謂「悖若桀、紂」，舉人所共知者以曉人。今更推此義，以見聖人憂患萬世之心。世衰道微，邪説爲暴行之先驅，天下將有生民糜爛、積血暴骨之禍，必先變亂是非，顛倒順逆，彼其持之有故，言之成理，而實反易天明，以蕩衆心，使元元之民喪其所大欲，而得其所大惡，亂靡有定，悔無可及，所謂「以順則逆，民無則焉，不在於善，而皆在於凶德」。聖人在千載上提撕警覺、大聲疾呼如此，可謂肫肫其仁，悲憫萬世之深者矣。○董子云：「『雖得之，君子不貴』，教以義也。」義者，好惡之正也。天地之性人爲貴，雖庶人之卑，廝役之賤，其可貴之性則同。故君子使民如承大祭，不敢失於臣妾，貴之也。若悖德悖禮之人，自賊其性，自外於人，雖以詐力取勝，惡燄鴟張，而君子避之若浼，賤之甚於狗彘。自古亂臣賊子如商臣、陳恒之等，能逭一時之王誅，必不能逃萬世人心之天討。雖刑餘隸人，之其罪狀，皆恥與爲比。羞惡之心，人皆有之，君子不貴，實人心所同賤。春秋記惡，與萬世之衆棄之，是義之至也。○治要引注云：「人不能愛其親而愛他人嚴云：「疑有『之』字。」親者，謂之悖德。不能敬其親而敬他人之親者，謂之悖禮也。」「之」、「親」二字，於經外别生枝節，非，辨見前。又云：「以悖爲順，則逆亂之道也。則，法。」不誤。又云：「惡人不能以禮爲善，乃化爲惡，若桀、紂是也。」「惡人」二句非其義，疏引「若桀、紂」上有一「悖」字，與此二句不合。又云：「不以其道，故君子不貴。」義無誤。

君子則不然，言思可道，

言中丁仲反，下同。詩、書，釋文。故可道。三字補。

行思可樂，釋文。如字，音洛。注同。盧引孔云：「『如字』疑當在『行』字下。」案行，當讀下孟反。

行此字補。中釋文。禮樂，故可四字補。樂。釋文。

德義可尊，

箋云：春秋傳曰：「詩、書，義之府，禮、樂，德之則。」

作事可法，

箋云：孟子曰：「孰不爲事，事親，事之本也。」大學曰：「其爲父子兄弟足法，而后民法之。」

容止可觀，

箋云：孟子曰：「動容周旋中禮。」易曰：「節，止也。」又曰：「艮其止，止其所。」

進退可度，

難進而盡中，當爲「忠」。易退而補過。釋文。

箋云：易虞説：「容止可觀，進退可度，則下觀其德而順其化。」觀卦注。春秋繁露曰：「衣服容貌者，所以説目也；聲音應對者，所以説耳也；好惡去就者，所以説心也。故君子衣服中而容貌恭，則目説矣；言理應對遜，則耳説矣；好仁厚而惡淺薄，就善人而遠僻鄙，則心説矣。故曰：『行思可樂容止可觀』，此之謂也。」五行對。

以臨其民。

箋云：易臨：「説而順」，「君子以教思無窮，容保民无疆。」

是以其民畏而愛之，則而象之。

心服曰畏，曲禮注文。言民畏敬而親愛之，法則而象十六字補。傚釋文。之。此字補。酌取疏義。

箋云：匡衡曰：「聖王之自爲動靜周旋，奉天、承親、臨朝、享臣，物有節文，以章人倫。蓋欽翼祗栗，事天之容也。温恭敬遜，親承之禮也，正身嚴恪，臨衆之儀也，嘉惠和説，饗下之顔也。舉錯動作，物遵其儀，故形爲仁義，動爲法則。孔子曰：『德義可尊，容止可觀，進退可度，以臨其民，是以其民畏而愛之，則而象之。』」漢書本傳上疏。

故能成其德教，而行其政令。

教不肅而成，德行而其下順之，陸賈新語義。風化以十五字補。漸也。釋文。政不嚴而治，君爲正則百姓從正。

十三字補。不令力政反。下文并注同。案此音當在經「政令」下。誤在此。下文，謂諫諍章經文。而伐謂之暴。釋文。令順民心，故行。六字補。

釋曰：此節言其順以爲法，正孝經博愛廣敬，以順天下之事也。不然者，絶相反之辭。上言悖德悖禮，君子不貴，此即繼之曰：「君子則不然」，以撥亂反諸正之意。君子盡愛敬於事親，而後推以及人。言必思可道，非詩、書之法言則不言，故身言之，後人揚之也。行必思可樂，非禮樂之德行則不行，所謂「孝弟恭敬，民皆樂之」也。思，即「無念爾祖」之「念」，樂正子春所謂「一舉足一出言不敢忘父母」也。曾子十篇亦亟言思，思而後言，思而後動，所以可道可樂，而德義、作事、容止、進退皆當其可，所謂順，所謂則也。得於身曰德，宜於事曰義。周禮有三德、六德，禮記有十義。前章云：「陳之德義而民興行。」凡所陳以教民者，皆脩之身而可爲民表，故可尊。詩、書，義之府，禮樂，德之則。德以處事，去私欲，從事於義。君子黄中通理，美在其中，發於事業，以愛敬之德，盡愛敬之義，立愛敬之事，故作事可法，曾子立事篇是其準。容，容貌也。止，所止處也。詩「人而無止」，鄭箋引此爲證。動容貌，斯遠暴慢，如足容重、手容恭之等。敬其所以自止處，故可觀。簡氏云：「容止，禮容之節。止，節也。德容中禮節。」案容節以威儀言。進退，鄭以出處言，引表記「難進易退」，合事君章義爲説。難進者，仕爲行道，不爲利也。天下惟難進者能盡忠，熱中患失之鄙夫，其於君也，利之而已。易退者，以道事君，不可則止也。天下無不是之君親，故思補過。此進退之大者，盡忠補過，故可爲法度。其在威儀，則三揖而進，一辭而退，亦其度也。皮氏云：「鄭以此君子不專屬人君，如卿大夫亦可言臨民也。」案此君子，據聖賢在位者言。雖無其位而有其德，則其所以臨民者，已裕在身，所謂「大人之事備」也。以上六句，皆安親敬親之稱所推暨弸綸，根於心，生於色，施於四體，舉而措之事業。敦德崇禮，以臨撫其民，本立道生，盡性以盡人性如是。是以民心悦誠服，畏而愛之，有父之尊，有母之親，則而象之，如天之明，如地之義。故以德爲教而教無不成，由是發政施令而政無不行。蓋必如是，乃能成其德教而行其政令，非是則民所不則，以在民上，不可以終，所謂「雖得之，君子不貴」者。數語以左傳證上文，本唐氏。天下惟愛敬其親者，能愛人敬人，極於使天下觀感興起，合敬同愛，然則聖人之德，又何以加於孝乎？○阮氏云：「此章兩言政字。論語引書云：『孝于惟孝，友于兄弟，施于有政。』此政必從孝友而施，即孔子孝經之所由來，猶之詩云：『民之秉彝，好是懿德。』爲孟子性善所由來。孔、孟之學，未有不本之詩、書者也。」案經言政令者，政必中令，故易蠱卦爻稱「幹父之蠱，幹母之蠱」，而象辭曰：「先甲三日，後甲三日。」先王以孝治天下，故敬事愛民如此其至。」注云：「不令而伐謂之暴。」明經言政又言令之意。「伐」，或當作「罰」。○治要引注云：「君子不爲逆亂之道。言中詩、書，故可傳道也。動中規矩，故可樂也。」又云：「可尊法也。」又云：「可法則也。」又云：「威儀中禮，故可觀。」義無誤。惟「行思可樂」，鄭注原文當以禮、樂對詩、書，「尊法」二字以未甚協。又「難盡」二句與釋文同。「中」做「忠」是也。又云：「畏其刑罰，愛其德義。」案以上六句，皆以德禮順民之事。此畏字，當與曲禮「賢者狎而敬之，畏而愛之。」大學「大畏民志」義同。言畏刑罰，非也。下五刑章始言刑，此非其語次。或據左傳引周書「大國畏其力」證畏爲畏刑。然彼據征討强暴諸侯，此據化民，義各有當。

詩云：「淑人君子，其儀不忒。」

淑，善也。忒，差也。注疏。文選王元長策秀才文注引「忒，差也」句。釋文訓同。

釋曰：詩曹風鳲鳩篇。言善人君子，其威儀不有差失，引以證愛敬德禮，有順無悖，爲民法則之義。大學引詩下二句，釋之曰：「其爲父子兄弟足法，而后民法之。」意正同。詩箋讀儀爲義，訓忒爲疑。親親仁民，愛敬各當其義，禮以行之，各有威儀，不疑則不差，義相表裏。黄氏云：「君子而思以淑人善俗，非禮何以乎？禮儀之在人身，所以動天地也。孝子仁人必謹於禮，謹禮而後可以敬身，敬身而後可以事天。傳曰：『大哉聖人之道，洋洋乎發育萬物，峻極於天。優優大哉，禮儀三百，威儀三千，待其人而后行。故曰：「苟不至德，至道不凝焉。」』至德者，孝敬之謂也。」○阮氏云：「晉、唐人言性命者，欲推之於身心最先之天。商、周人言性命者，祗範之於容貌最近之地，所謂威儀也。春秋左傳襄公三十一年衛北宮文子見令尹圍之威儀，言於衛侯曰：『令尹似君矣，將有他志。雖獲其志，不能終也。詩云：「靡不有初，鮮克有終。」終之實難，令尹其將不免。』公曰：『子何以知之？』對曰：『詩云：「敬慎威儀，惟民之則。」令尹無威儀，民無則焉，民所不則，以在民上，不可以終。』公曰：『善哉，何謂威儀？』對曰：『有威而可畏，謂之威。有儀而可象，謂之儀。君有君之威儀，其臣畏而愛之，則而象之，故能有其國家，令聞長世。臣有臣之威儀，其下畏而愛之，故能守其官職，保族宜家。順是以下皆如是，是以上下能相固也。衛詩曰：「威儀棣棣，不可選也。」言君臣、上下、父子、兄弟、大小皆有威儀也。周詩曰：「朋友攸攝，攝以威儀。」言朋友之道，必相教訓以威儀也。周書數文王之德曰：「大國畏其力，小國懷其德。」言畏而愛之也。詩云：「不識不知，順帝之則。」言則而象之也。紂囚文王七年，諸侯皆從之囚，紂於是乎懼而歸之，可謂愛之。文王伐崇，再駕而降爲臣，蠻夷帥服，可謂畏之。文王之功，天下誦而歌舞之，可謂則之。文王之行，至今爲法，可謂象之，有威儀也。故君子在位可畏，施舍可愛，進退可度，周旋可則，容止可觀，作事可法，德行可象，聲氣可樂，動作有文，言語有章，以臨其下，謂之有威儀也。」又成公十三年曰：『成子受脤於社，不敬。劉子曰：「吾聞之，民受天地之中以生，所謂命也。是以有動作禮義威儀之則，以定命也。能者養之以福，不能者敗以取禍。是故君子勤禮，小人盡力。勤禮莫如致敬，盡力莫如敦篤。敬在養神，篤在守業。國之大事，在祀與戎。祀有執膰，戎有受脤，神之大節也。今成子惰，弃其命矣。其不反乎？」』觀此二節，其言最爲明顯。書言威儀者二，顧命『自亂於威儀』，酒誥『用燕喪威儀』。詩三百篇中，言威儀者十有七，朋友相攝以威儀，已見於左氏所引。此外『敬慎威儀，維民之則』，『威儀抑抑，德音秩秩，受福無疆，四方之綱』，『抑抑威儀，維德之隅』，『敬慎威儀，以近有德』，則皆同乎北宮文子、劉子之説也。威儀者，言行所自出。故曰：『慎爾出話，無不柔嘉。淑慎爾止，不愆于儀』，此謂謹慎言行、柔嘉容色之人，即力威儀也。是以仲山甫之德，則『柔嘉維則，令儀令色，小心翼翼，古訓是式，威儀是力』矣。魯侯之德，則『穆穆敬明，敬慎威儀，維民之則』矣。成王之德，則『有孝有德，四方爲則，顒顒卬卬，四方爲綱』矣。且百行莫大於孝，孝不可以情貌言也。然詩曰：『敬慎威儀，維民之則，靡有不孝，自求伊祜』矣，又言『威儀孔時，君子有孝子』矣。且力於威儀者，可祈天命之福。故威儀抑抑，爲四方之綱者，受福無疆也。威儀反反者，降福簡簡，福祿來反也。此能者養之以福也，反是則威儀不類者，人之云亡矣，威儀卒迷者，喪亂蔑資矣。且定命即所以保性，卷阿之詩言性者三，而繼之曰：『如圭如璋，令聞令望，四方爲綱。』凡此威儀爲德之隅，性命所以各正也。匪特詩也，孔子實式威儀定命之古訓矣。故孝經曰：『君子言思可道，行思可樂，德義可尊，作事可法，容止可觀，進退可度，以臨其民，是以其民畏而愛之，則而象之，故能成其德教而行其政令。詩云：「淑人君子，其儀不忒。」』論語曰：『君子不重則不威，學則不固。』此與詩、左傳之大義，無毫釐之差也。」阮氏福曰：「曾子曰：『君子所貴乎道者三，動容貌，斯遠暴慢矣。正顏色，斯近信矣。出辭氣，斯遠鄙倍矣。』亦曾子傳孝經容止威儀之義也。」案威儀所以定命，不敢毀傷，自力威儀始。凡人之目動言肆、舉趾高、心不固者，必有異事邪慮意外之憂。凶悍好陵人者，其後必有非常之禍；輕佻無度，作事有始無終者，其後多有夭折之患。四語得之吾友梁氏鼎芬。而家庭之閒，恣睢自由，疾行先長，尤爲世道之大憂。犯上作亂，必自幼而不孫弟始。此語得之吾友沈氏曾植。故曲禮、內則、少儀爲平治天下之本，其爲父子兄弟足法，而后民法之也。詩曰：「威儀是力」，力者，躬行實踐之謂。君子有其容，則實以君子之德，若色取仁而行違，則忒而非力矣。○治要引注云：「善人君子威儀不忒，可法則也。」不誤。

紀孝行章　第十

釋曰：元氏云：此章記録孝子事親之行。案説文：「紀，别絲也。」詩棫樸箋云：「以綱罟喻，張之爲綱，理之爲紀。」自首章以來，論孝之大綱備矣。前章云：「人之行莫大於孝。」故此章遂分别條理，紀録孝子事親守身之行，以申孝始於事親，及不敢毁傷之義，是行孝之大目，故以紀孝行名章。陳氏澧云：「陶淵明有五孝傳，蓋陶公於家庭鄉里，以孝經爲教，稱引故實以證之。故其庶人孝傳贊云：『嗟爾衆庶，鑒兹前式。』司馬温公家範録孝經『居則致其敬，養則致其樂，病則致其憂，喪則致其哀，祭則致其嚴』五句，每句各引經史以證之。蓋孝經一篇，皆論以孝順天下之大道，惟此五句爲孝之條目，故加以引證，亦所謂『鑒兹前式』也。」案此章五致，爲人子者，當深思力行，以保其天性；又宜將古來孝子仁人行事，依類纂輯，證明經義，隨時爲人講説，以感發其善心。則所以爲天地立心，爲生民立命，培生機而挽殺運者，其益無方矣。前式不遠，願共勉之。

子曰：「孝子之事親也，居則致其敬，

居處温愉，先意承志，聽於無聲，視於無形，温恭朝夕，二十字補。必原誤也。嚴云：「明皇注『平居必盡其敬』，則「也」字當做「必」。」盡禮也。釋文。

養則致其樂，

樂其心，不違其志，樂其耳目，安其寢處，以其飲食忠養之。據内則補。

病則致其憂，

色不滿容，行不正履。注疏。

喪則致其哀，

擗踊哭泣，盡其哀情。注疏。北堂書鈔原本九十三居喪無「哀」字　釋文出「擗」、「踊」、「泣」三字。

祭則致其嚴。

齊書鈔作「齋」，此依釋文。戒沐浴，明發不寐，齊必變食，居必遷坐，敬忌踧踖，若親存也。北堂書鈔八十八祭祀總　釋文出「齊」、「必變食」、「敬忌踧」七字。云「齊，本又作齋。」　明皇注有「齋戒」二句。

五者備矣，然後能事親。

箋云：陸賈新語曰：「曾子孝於父母，昏定晨醒，周寒温，適輕重，勉之於糜粥之間，行之於衽席之上，而德美重於後世。」慎微。孟子曰：「事親若曾子者可也。」

釋曰：人之行莫大於孝，孝始於事親，故夫子既極論孝道之大，遂指實事親之行曰：孝子之事親也，隨父母舉出則致其恭敬，奉養父母則致其愉樂，父母有疾則致其憂謹，不幸而遭喪則致其哀戚，喪畢而祭則致其尊嚴，五者皆備矣，然後爲能事親。致，盡也，謂行之至也。此五句，事親之大目，凡禮經、記所言事親之道皆統之。故孝經，孝之經也，群經所言孝道，皆孝之傳也。居也，養也，病也，喪也，祭也，事親所歷之境也。敬也，樂也，憂也，哀也，嚴也，愛敬之天性發而不能自已者也。致則積誠積學以盡其性，不失其赤子之心者也。「居則致其敬」者，居，謂隨父母居處。論語、禮記皆以養與敬對，統居而言，所謂「就養無方」也。此以居與養析言，則養專謂供奉飲食，而其餘隨侍之事皆屬之居。事親主於愛，而愛必將以敬。曲禮稱：「爲人子之禮，冬温夏清，昏定晨省，出必告，反必面，居不主奧，坐不中席，恒言不稱老。」内則稱：「子事父母，婦事舅姑，雞鳴盥漱，衣服佩用，以適父母舅姑之所，下氣怡聲，問衣燠寒，疾痛苛癢而敬抑搔之。出入，則或先或後，而敬扶持之，問所欲而敬進之。有命之，應唯敬對，進退周還慎齊。」傳言：「舜見瞽叟，夔夔齊栗。」「文王之爲世子，雞初鳴，至寢門外，問安否何如，安乃喜。日中又至，亦如之，莫又至，亦如之。」商子教伯禽見周公，入門而趨，登堂而跪。伯魚見孔子獨立，趨而過庭，皆致敬之事。敬者，愛慕之深，卑順之至，眷戀捧持，此心長存也。唐氏云：「曲禮『聽於無聲，視於無形』八字，最得難達之隱。鄭注『恒若親之將有教使然』，以曲得孝子之心，所謂敬之至也。人子事親，首能致敬於無形無聲之際，則於所謂先意承志者，庶乎能曲體一二，而於安親之心，樂親之情，代親之勞，預防之疾病，或可以少有所失矣。」案推致敬之心，即身不在親側，而依戀慎重之意，無斯須閒。故曾子在外，母思之嚙指，而心痛急歸，誠感千里也。「養則致其樂」者，孝子以親之加餐爲樂。曾子曰：「飲食移味，居處温愉。」記曰：「孝子之有深愛者，必有和氣。有和氣者，必有愉色。有愉色者，必有婉容。」祭時之和氣愉色婉容，即生時所以致樂也。惟其和順婉愉出於深愛至隱，如幼小嬉戲忭躍之真，故父母樂而安之，内則所謂「樂其心，不違其志」也。由致樂之心，則所以深體食性，調和滋味，慎察寒温，必曲中幾微，且使家人供殽中饋，皆欣欣有勸勉之心，而以善養爲樂矣。文王食上必在，視寒煖之節，食下，問所膳，命末有原。曾子養曾晳必有酒肉，將徹，必請問所與，問有餘，必曰有。孔子論孝曰：「色難」，曰：「啜菽飲水盡其歡」，皆致樂之事。唐氏説：「人壽大率不過七八十年，即百年亦爲時至速。人子真能養親之時，至多五六十年，轉瞬即逝。曾子曰：『親戚既没，雖欲孝誰爲孝。』養親之時日少一日，思之喜與懼并，而可不致其樂乎？衛將軍文子篇稱曾子養曾晳：『常以皓皓，是以眉壽。』父母之壽否，係於心境之鬱舒，爲人子者不可不隨時加省也。」「病則致其憂」者，對文疾甚曰病，散文則通。人子於父母之疾，雖輕而視若重，小愈而防其加，故以病言之。元氏云：「盡其憂謹之心」，侍疾必謹，惟憂故能謹。記曰：「父母有疾，冠者不櫛，行不翔，言不惰，琴瑟不御。」又曰：「親有疾飲藥，子先嘗之。」傳稱：「文王事王不怒。」謂事王季。記稱：「王季有不安節，文王色憂，行不能正履。王季復膳，然後亦復初。文王有疾，武王不説冠帶而養，文王一飯亦一飯，文王再飯亦再飯。」又引世子之記：「有不安節，『世子色憂不滿容』。」史稱漢文帝侍薄太后疾，三年衣不解帶，皆致憂之事。子曰：「父母唯其疾之憂。」孩提幼兒，往往多病，而所苦不能自言，父母心誠求之，曲中其隱以療之。自少至長，不知幾經憂勞。人子思此，則父母之疾，其憂當何如乎？況子疾，父母憂之而愈，父母之疾，子或憂之而仍不能愈。人子思此，其憂更當如何乎？痛自衰世人心陷溺，竟有久病無孝子之諺。所謂哀莫大於心死者，苟尚有人心，清夜思之，其可以爲人，可以爲子乎？唐氏云：「色不滿容，行不正履，所以如此者，蓋爲人子而至於親病，已不免於罪矣。其飲食之失節耶？寒煖燥溼之失宜耶？抑吾拂親之意而觸親之怒耶？思之重思之，推究其所以致病之由，忽作一萬一不愈之想，焉得而不憂。故愚嘗謂人子致謹於無形無聲之際，而不可稍忽者，當在親未病之時。若吾親既病，則雖悔恨涕泣、奔走祈禱，已無及矣。矧或親病日增，竟至於不忍言乎？禮記曰：『親瘠，色容不盛。』此孝子之疏節也。」黄氏道周曰：「得其疏節，則其精意亦見，況并疏節而忽之乎？」案致其憂者，心專壹於親之病，而無絲毫他念之雜，如此則凡奉湯藥、進飲食、適寒煥之等，皆極和至順，曲得親意，周詳巧變，動中竅要，庶幾減其疾苦而轉危爲安。侍疾之道，至危至微，苟百密一疏，則萬悔莫追，人子所當深思也。「喪則致其哀」者，記曰：「親始死，雞斯徒跣，扱上衽，交手哭，惻怛之心，痛疾之意，傷腎，乾肝，焦肺。」蓋子於父母，一體而分，鞠育恩勤，劬勞罔極。一旦嬰兒中道失其親，其痛何若。故三年之喪如斯，痛之極也。斬衰之哭，往而不反，哀之至也。禮經士喪、既夕、士虞等篇，皆稱情立文，曲達孝子哀戚之至隱。故曾子讀喪禮，泣下沾襟。禮記説喪禮諸篇，語語沈痛，而檀弓「喪禮，哀戚之至也」一章，及問喪、三年兩篇，發抒致哀之誠，尤不忍卒讀。昔曾子執親之喪，水漿不入於口者七日。高子羔泣血三年，未嘗見齒。少連、大連三日不怠，三月不懈。期悲哀，三年憂，所謂致其哀也。雜記稱喪禮敬爲上，哀次之，此於致哀中更申一義，惟其致哀，是以致敬。

子思所謂「必誠必信，勿之有悔」也。唐氏云：「先儒有言，人子既遭親喪，當知親生之時既不可復得，既喪之時亦不可復得也。痛哉言乎！是故親始死之時，則非復疾病求藥之時矣。既葬之時，則非復始死之時矣。思之尚忍不致其哀乎？」案夫子曰：「人未有自致者也，必也親喪乎？」人子於親喪之初，悲哀痛疾，天良發不可遏。念屬毛離裏以來，鞠育恩勤，瞻依怙恃，俄頃訣別，其痛若木之斷根，身之殊死也。屬纊聽息之時，猶冀有一綫之生機，而親竟長往不返，呼號攀援，直欲舍生而從之也。環顧兄弟，與我同受形於父母，不勝其相憐相痛也。凡人皆有此心，所可歎者，才發見旋梏亡耳。孝子致其哀，則三年之喪，如駟之過隙，而終身之慕，至死不窮矣。「祭則致其嚴」者，初喪，殯宮有奠，而燕養饋羞湯沐，饌於下室，鬼神無像，設奠以憑依之，又孝子不忍一日廢其事親之禮也，及既葬而以虞易奠，卒哭而以吉祭易喪祭，由是祔練祥禫，以漸即吉。此勢之無可如何者，而孝子哀痛思慕之情，豈能忘乎？聖人通幽明之故，制祭祀之禮，報氣報魄，以追養繼孝。然神人渺隔，非精誠之至，則不能感通。孝子感時物之變，悽愴怵惕，追思其親，齊戒沐浴，專致其精明之德，以交於神明，如執玉，如奉盈，其嚴乎！禮記說祭禮最詳，而祭義一篇，尤足深動人孝思。文王之祭也，事死如事生，孔子祭如在，曰：「吾不與祭如不祭」，皆致其嚴也。嚴者，愛敬之心專壹深重，合莫通微，誠中形外者也。唐氏云：「人子而至於祭其親，亦可哀矣。生時視膳，未克盡心，至親没之後，欲再進一勺水，不可得也。曾子曰：『椎牛而祭墓，不如雞豚逮親存也。』歐陽修述其父之言曰：『祭而豐，不如養之薄也。』其言均絕痛。禮記曰：『君子有終身之喪，忌日之謂也。忌日不用，非不祥也。言夫日，志有所至，而不敢盡其私也。』又曰：『齊之日，思其居處，思其笑語，思其志意，思其所樂，思其所嗜。祭之日，入室，僾然必有見乎其位，周旋出户，肅然必有聞乎其容聲，出户而聽，愾然必有聞乎其歎息之聲。』如是而祭，猶恐失之，而可不致其嚴乎？」案禮經特牲、少牢、饋食之禮，節文至詳，由其文以深求其義，則致嚴之意自生於心矣。禹菲飲食而致孝乎鬼神，今之人往往自奉甚厚而祭祀簡忽，人之無良，吁可慨矣。祭喪之禮廢，則臣子之恩薄，而偝死忘生者衆。欲厚民德而正人心，則禮經、記喪祭諸篇，不可不亟講矣。此五致者，論語所謂「生，事之以禮，死，葬之以禮，祭之以禮」，自始至終，一有不備，即不可爲能事親。孟子曰：「事親若曾子者可也。」蓋必如曾子之備致，然後爲能事親也。○治要引注云：「樂，竭歡心以事其親。」説「樂」字，是。

事親者，居上不驕，

箋云：書曰：「慎乃在位。」

爲下不亂，

箋云：易侯氏説：「臣子當至順。」坤卦注。論語曰：「其爲人也孝弟，而好犯上者鮮矣。不好犯上，而好作亂者，未之有也。」

在醜不争。

不忿芳粉反，下同。争也。釋文。醜，衆也。三字據曲禮注補。

箋云：記曰：「爲人子之禮，在醜夷不争。」

居上而驕，則亡；

箋云：易曰：「亢之爲言也，知存而不知亡。」大學説治國平天下曰：「驕泰以失之。」

爲下而亂，則刑；

好亂則刑罰及其身也。釋文。

在醜而争，則兵。

一朝之三字補。忿，釋文。忘其身以及其親。七字補。

箋云：明皇曰：「謂以兵刃相加。」

三者不除，雖日用三牲之養，猶爲不孝也。」

愛親者三字補。不敢惡於人親。釋文。「親」字衍。敬親者不敢慢於人，而三者不去，灾及於親。養雖隆，猶是不孝而已。二十六字補。

箋云：孟子曰：「不失其身而能事其親者，吾聞之矣。失其身而能事其親者，吾未之聞也。」

釋曰：五致備然後能事親，而事親必先守身，故此遂論守身之道，蓋不敢毁傷之目也。言事親者常念爲父母之身，惟恐近於危辱以貽親憂。居上位，則思天道盈虧，居高疾顛，載舟覆舟，小人難保，不敢以富貴而驕。

爲人下，則思貴有常尊，賤有等威，盡忠守順，以率天常，不敢挾是非不平之見而在亂。在醜類群衆之中，則思敬而無失，恭而有禮，橫逆之來，情恕理遣，不敢逞血氣之勇而争。蓋居上而驕，則百姓怨叛，必亡；爲下而亂，則王法不容，必刑；在醜而争，則暴亂侵陵，必致兵刃相加。驕、亂、争三者不去，則亡、刑、兵三禍必至。身且不保，親復何賴？雖日用太牢之養，親將憂不能下咽，猶是不孝之子也。故事親者，必始於不毁傷其身，惟三者除所以能備五致也。簡氏云：「事親者敬以脩身，斯居上不驕矣；順以從法，斯爲下不亂矣；和以處衆，斯在醜不争矣。」唐氏云：「居高俯視，常覺下墜之可危，斯不驕矣。居上而驕，盈滿之至，死氣至矣，焉得不亡。作亂之事，每起於犯上，犯上之事，每起於心之不平。其幾甚微，深可畏也。懷才負氣之士，往往激於一時之不平，不較事之大小，理之邪正。及躬被刑罰，念及父母所生之全體，以及平日鞠養之恩，而悔已無及矣，可不痛哉。易曰：『亂之所生也，則言語以爲階。』朋衆相處，往往於言語之中殺機已伏，是以君子慎密不出也。」案五者皆出於心之仁，三者皆出於氣之暴。五者備而三者除，則所以致家庭聚順之歡者，即以養天下和平之福矣。黄氏云：「若是者何也？敬身之謂也。敬身而後敬人，敬人而後敬天。頌曰：『敬之敬之，天維顯思，命不易哉，無曰高高在上。』爲天子者如此，又況其下者乎？爲下而争亂，忘身及親，是君子之大戒也。孝經者，其爲辟兵而作乎？辟兵與刑，孝治乃成。兵刑之生，皆始於争。爲孝以教仁，爲弟以教讓，何争之有？傳曰：『堯、舜帥天下以仁而民從之，桀、紂帥天下以暴而民從之。所藏乎身不恕而能喻諸人者，未之有也。』故恕者，聖人所下脱「以」字。養兵不用而藏身之固也。」案黄氏之言，深得經之神恉。抑又思之，驕以致亡，亂以致刑，争以致兵，此之謂毁傷。非是則殀壽不貳，脩身以俟之，命也。所欲有甚於生者，所惡有甚於死者，致命遂志，殺身成仁，義也。是故驕也、亂也、争也，雖幸而無患，君子謂之毁傷，所謂「罔之生也幸而免」也。不驕、不亂、不争，雖不幸而死，若比干之極諫，孔父、仇牧之死難，君子謂之全歸，「未見蹈仁而死者」也。蹈仁而死，猶不死也，以其無毁傷之道也，故曾子臨大節而不可奪。又案，「爲下不亂」，中庸作「不倍」。倍，背也。背者，亂之階也。既明且哲，以保其身，所以守身即所以立身也。○治要引注云：「雖尊爲君而不驕也，爲人臣下不敢爲亂也。」義無誤。又云：「忿争爲醜。嚴云：「當云『朋友爲醜』。」醜，類也，以爲善。嚴云：「當云『助己爲善』。」不忿争也。」文既脱誤，即如嚴校，義亦未允。又云：「富貴不以其道，是以取亡也。」「不以其道」四字未甚允。又云：「爲人臣下好爲亂，則刑罰及其身。」不誤。又云：「朋友中好爲忿争，惟兵刃之道。」「醜」字不必專指朋友。又云：「夫愛親者不敢惡於人之親。今反驕亂忿争，雖日致三牲之養，豈得爲孝乎？」據釋文誤本，遂於經愛人外增出「親」字。天子、聖治兩章注由此皆誤矣。

五刑章　第十一

釋曰：上言驕、亂、争三者不除，養雖隆，猶爲不孝。蓋不孝始於忘身，充忘身之極，則無父無君，殫殘聖法，無惡不爲。故此章遂極言不孝之罪，所謂「刑自反此作」，故以五刑名章。蓋蒙聖治章「悖德」、「悖禮」之文，以反結首章「事親」、「事君」、「立身」之義。春秋所以討亂賊，明王法以遏亂也。

子曰：「五刑之屬三千，而罪莫大於不孝。

科條三千，謂劓、墨、當爲「墨、劓」。宮割、臏、此字補。大辟。穿窬盜竊者劓，嚴云：「當作墨。」劫賊傷人者墨，嚴云：「當作劓。」男女不與當爲「以」。禮交者宮割，壞人二字盧補。垣墻、開人關闟者臏，二字盧補。手殺人者大辟。釋文。

箋云：舊說：「不孝之罪，聖人惡之，去在三千條外。」疏。易：「突如，其來如，焚如。」鄭氏曰：「不孝之罪，五刑莫大。焚如，殺其親之刑。」

要君者無上，

箋云：明皇曰：「君者，臣所稟命也，而敢要之，是無上也。」

非聖人者無法，

非侮聖人者，釋文。其心無法。四字補。

箋云：明皇曰：「聖人制作禮法，而敢非之，是無法也。」

非孝者無親，

非此字補。人行者，釋文。其心無親。四字補。

箋云：明皇曰：「善事父母爲孝，而敢非之，是無親也。」

此大亂之道也。

箋云：元氏說：「人不忠於君，不法於聖，不愛於親，此皆爲不孝，罪惡之極，故以大亂結之。」

釋曰：此承上章推極不孝之罪。言五刑之屬，科條總有三千，而罪莫有大於不孝。不孝則無父無君，凶德悖禮，與聖人之道全反，惡逆滔天，將使人類相殺無已時，此是大亂之道也。「五刑之屬三千」，述尚書呂刑文。呂覽引商書曰：「刑三百，罪莫大於不孝。」或三百係三千之誤。或三百其綱，三千其目，皆大分言之，科條三千。蓋聖人惟刑之恤，一條之中，或故或誤，輕重出入，分析至詳，務在化惡爲善，弼教棐彝，並生並育。據呂覽，則夫子此言本商書古訓。周書言：「元惡大憝，矧惟不孝不友」，亦此意。說文云：「𠫓，不順忽出也，从到同倒。子。」易稱：「突如，其來如」，不孝子出不容於内也。𠫓，即易突字也。易稱：「突如，其來如，焚如」，蓋不孝之極，如商臣、莒僕之等，凡在人類莫不欲處以極刑。五刑之常，雖大辟不足以蔽其辜，故殺而焚之。唐氏說：「周禮大司徒賈疏云：『孝經不孝不在三千者，深塞逆源。蓋三千科條，均係人道之刑。人而至於不孝，則非人行而淪於禽獸，故當處以待禽獸之法，如後世淩遲之刑。此聖人之所以不忍言，故不在三千之條。』賈公彥謂深塞逆源，得禮與刑之精義矣。」案凡人出於禮則入於刑。黄氏謂：「禮有三千，刑亦三千。禮刑相維，不孝之罪，豈惟禮所不容，亦刑所不容，故別著三千條外，所謂罪不容於死也。」阮氏云：「志在春秋，爲弑君父者嚴刑法也。行在孝經，爲事君父者率性道也。文言曰：『非一朝一夕之故，其所由來者漸矣。』此易教兼春秋、孝經言之也。」「要君者無上」以下，申言不孝爲罪之至大。簡氏云：「三者皆自不孝而來。不孝則無可移之忠，由無親而無上，於是乎敢要君。不孝則不道先王之法言而無法，於是乎敢非聖人。不孝則不愛其親而無親，於是乎敢非孝。故曰：『此大亂之道也』，明其當爲莫大之罪也。」元氏云：「凡爲人子，當須遵承聖教，以孝事親，以忠事君。君命宜奉而行之，敢要之，是無心遵或當爲尊。於上也。若臧武仲以防求爲後於魯，晉舅犯及河授璧請亡之類，是也。」唐氏：「論語朱子注云：『要，有挾而求也。』有所挾以求君，其居心不敬之甚矣。」案要者，有所挾以與君約，使君不得不從己。要，如要於路之要，蓋持其要害之意。臣之禄，君實有之，臣言情於君可也。予奪可否，惟君作命，無敢强求。若惟恐君之不許，而迫以不得不許之勢，則要君矣。武仲本非有叛君之心，其事本迫於勢之不得已。然迫於勢而反以據邑之勢迫君，則其心固已不顧君臣之義，故夫子正其名曰要君。舅犯於君倚己如左右手之時，而乘機以堅君之信，故趙文子謂見利不顧其君。充類至義之盡，則凡亂臣致難於其君，不奪不饜者，孰非由勢迫利疚而然？君至尊也，而敢要之以從其私，天澤定分何在？是其心無上也。非者，不以爲是而毁謗之。正朝夕者視北辰，正嫌疑者視聖人，聖人制爲禮法，輔翼刑法，使天下君君、臣臣、父父、子子，以相生、相養、相保而不相殺。不忠不孝之人，行事皆悖禮法，犯刑法，與聖人之道無一不相反，故舉天下萬世所公是者而非之。唐氏説：「此言所以尊經也。

孔子謂君子畏聖人之言，小人侮聖人之言。禮記王制云：『析言破律，亂名改作，執左道以亂政，殺。行僞而堅，言僞而辯，學非而博，順非而澤，以疑衆，殺。』夫析言破律等事，其罪至於誅不以聽者，謂其非經而侮聖也。法，謂法律。近世無知妄作之徒，常欲軼乎名教之外，深憚聖經法典，動輒以廢經爲言，且以似是而非之辭侮慢聖人，此法律之所以不容者也。」案聖人先知先覺，行爲世法，言爲世則。非之者傲很明德，以亂天常，是其心無法也。要君、非聖之惡皆由於不孝。孝者，天經地義，人所率乎性以爲行。孩提之童，無不知愛其親。天下雖至驕悍不馴之夫，聞孝子之行，無不惻然自動其天良。不孝之子喪其本心，竟忍以孝行爲非，曾不念身所從來。屬毛離裹，天性至親，是其心無親也。簡氏云：「今之非孝者云：『孝知有家，不知有國。』韓非子云：『魯人從君戰，三戰三北。仲尼問其故，對曰：「吾有老父，身死莫之養也。」仲尼以爲孝，舉而上之。是以觀之，夫父之孝子，君之背臣也。』甚哉韓非之誣也。周官有養死政之老。曾子云：『事君不忠，非孝也。戰陣無勇，非孝也。』故經曰：『君子之事親孝，故忠可移於君』，孝子忠臣相成之道也。」案人而至於非孝，則天理絶滅盡矣。孝則事君必忠，而聖教行，天下治。不孝不忠，則聖法斁而乾坤或幾乎息矣，故曰：「此大亂之道也」。人生於三，事之如一。故天地者人之本，祖父者類之本，君師者治之本，事親、事君、事師其義同。大戴禮言大罪有五，殺人爲下。蓋殺人者，所殘止一人，自取誅戮而已。要君、非聖、非孝，則逆天悖禮之極，將驅天下爲禽獸，以召禽獮草薙、積血暴骨之禍，故聖人必首誅之。所以救同類於水火，以至順討至逆，迫於愛敬萬不得已之心而出之者也。孔子誅少正卯，誅亂臣賊子，豈得已哉？○黄氏云：「兵刑雜用而道德衰，聖人之禁也，曰示之以好惡。示之以好惡，則猶未有禁也，刑而後禁之。周禮司徒以六行教民，司寇以五刑匡其不率。於是有不孝之刑，不友之刑，不睦婣之刑，不任卹之刑。此六者，非刑之所能禁也。刑之能禁者，寇賊姦宄耳。然其習爲寇賊姦宄者，刑亦不能禁也。必以之禁六行，禁其不率。則是束民性而法之也。言束縛民性而歸於法。束民性而法之，不有陽竊，必有陰敗。言民以詐相遁。繇是則堯、舜之禮樂，與名法爭鶩矣，此爲明代用刑刻深而陳忠諫，痛乎言之。爭鶩必絀。然且夫子猶言刑法，何也？夫子之言，蓋爲墨氏而發也。人情易媮，媮而去節，則以禮爲戎首。夫子之時，墨氏未著，而子桑户、原壤之徒，皆臨喪不哀，遯於天刑。夫子逆知後世之治必入於墨氏，臨喪不哀，其變則爲墨氏薄葬，不愛其親矣。墨氏之徒，必有要君、非聖、非孝之説以爚亂天下，使聖人不得行其禮，人主不得行其刑。刑衰禮息而愛敬不生，愛敬不生而無父無君者始得肆志於天下，故夫子特著而豫防之，辭簡而旨危，憂深而慮遠矣。」唐氏云：「按近世墨氏之學勝矣，聰穎之士喜其新奇，迷入其中，良可憫痛。黄氏之言，所見尤遠，可謂得孔、曾之精意。」案觀於今日無父、無君、非聖之禍，真如孟子所云：「率獸食人，人將相食。」乃知不愛其親而愛他人爲大凶德，墨氏兼愛之爲兼惡，而猖狂浮游之言，視君臣父子若萍浮江河而適相合，實有以啟其先，其流毒至今二千餘年而驟發不可遏。此聖人以至德要道順天下，所以不得已而用刑遏亂也。孝經十八章而言刑衹此一章，聖人體天地生生之德，任德不任刑也。言刑而大聲疾呼如此，誠不忍天下萬世赤子匍匐將入井，而異端之徒肆其不仁，將推而下之，且投石也。○注云「劓、墨、宫割、臏、大辟」者，陸氏云：「墨，刻其額而涅之以墨。劓，截鼻之刑。宫割，男子割勢，女子宫閉之。」白虎通五刑篇曰：「臏者，脱其臏也。」案「臏」，書呂刑作「剕」，周禮司刑作「刖」。大辟，死刑。五刑之條，周禮每罪各五百，合二千五百。呂刑則墨、劓各千，剕五百，宫三百，大辟二百，凡三千。變周初法從夏制，所謂刑罰世輕世重，各因時宜。其次，呂刑先「剕」後「宫」，周禮先「宫」後「刖」。注説五刑所犯之罪，與周禮注引書大傳有異同，各有所本，要皆舉其大略。釋文不見「臏」字，亦不見「剕」、「刖」字。考易困卦「刖」字，書呂刑「剕」字，周禮司刑注「臏」字，皆有音。孝經童蒙始習，何反無音。竊疑釋文「宫割」條下必有闕文。據注「宫」下有「割」字，周禮注述書作「臏辟」，蓋皆據今文尚書，與後注古文異，此注蓋本作「臏」字。陸以「宫割」字、「臏」字皆與當時所行呂刑異，故先據呂刑正文解經，乃爲注作音，别其異同，以「宫割」條稱呂刑及周禮並直作「宫」字例之。當補云：「臏，頻忍反。呂刑作『剕』，周禮作『刖』。」盧氏於「宫割」下補「臏」字，於「闕鑰」下空缺處補「者臏」二字，皆是，今從之。先宫後臏，或因所據成文傳寫倒置。至聖人制刑及誅大不孝大義，余於易噬、嗑、坎、離箋釋論之詳矣。○治要引注云：「五刑者，謂墨、劓、臏、宫割、大辟也。」又云：「事君先事而後食禄，今反要之，此無尊上之道。」又云：「非侮聖人者不可法。已不自孝，又非他人爲孝，不可親。」又云：「事君不忠，侮聖人言，非孝者，大亂之道也。」義皆無誤。惟釋「非孝」句與釋文引注不合。

孝經鄭氏注箋釋卷三

曹元弼學

廣要道章　第十二

釋曰：上既舉孝子事親之節目，以指人行莫大之實，又言罪莫大於不孝，以申凶德之戒。故此兩章遂蒙君子能成德教之文，言教莫善於以孝興禮，以禮行孝，以發至德要道之精義。先要道後至德者，上言行莫大於孝，罪莫大於不孝，因歷説教民莫善之事，由孝及弟，遂及禮樂。蓋孝則必弟，而禮樂從此起，孝弟皆須禮以行之，是謂要道，而道之所以爲要，本德之所以爲至。此章由孝弟以及禮樂，而詳言禮之用，故結言要道；下章由禮樂推本孝弟，以極見孝之大，故結言至德。聖人之言，反覆相成，行乎其所，不得不行，如日月相從，山川縈抱，無非天行之健，地勢之順也。兩章大義，當通合觀之。蓋德者，愛敬也，愛敬及天下，謂之至德，孝弟是也。孟子曰：「親親，仁也，敬長，義也，無他，達之天下也。」德而曰至，以言乎其大也。道者，所以行愛敬者也，愛敬一人而千萬人説，謂之要道，禮樂是也。孟子曰：「仁之實，事親；義之實，從兄；禮之實，節文斯二者；樂之實，樂斯二者。樂則生矣，生則惡可已，則不知足之蹈之，手之舞之。」道而曰要，以言乎莫此爲善也。愛非敬不立，愛親者不敢惡於人，敬親者不敢慢於人，不敢即敬也，故曰：「語孝必本敬，本敬則禮從起」。孝弟同體，父子之道、君臣之義相須而成，孝則必弟，孝則必忠，孝以愛興敬，禮以敬治愛。古之君子躬行至德，自盡其孝弟忠敬以事父、事兄、事君，而即以敬天下之爲父、兄、君者，是之謂教，以身教也。敬天下之爲父、兄、君者，而天下之子、弟、臣皆惻然自生其事父、事君、事兄之心，是之謂悦，悦即「樂則生矣」之樂，所謂「天地之經，而民是則之」，「孝弟恭敬，民皆樂之」也。天下之子、弟、臣悦，則興孝、興弟、作忠，而愛不可勝用，敬不可勝用。尊尊、親親、長長、幼幼，以生以養，以富以教，而上下安，型仁講讓，和親、安平、康樂，而風俗成矣，故曰：「孝經者，制作禮樂，仁之本」，夫是之謂順，此兩章通義也。上陳五孝，皆至德要道之實，此更發明其所以爲要，所以爲至，引而申之以盡其義，故曰廣。下章言教以孝、教以弟而結言至德，此章言孝弟，又言禮樂，而結言要道。首章注以至德爲孝弟，要道爲禮樂，深得經旨矣。○又案孔子行在孝經，教孝、教忠、教弟而萬世之下皆知父之爲父，君之爲君，兄之爲兄，即所以敬萬世之爲君、父、兄者也。萬世之爲子、弟、臣者，讀孝經無不自動其孝弟忠敬固有之良心，所謂子説、弟説、臣説也。子、弟、臣説，則本立道生，親愛禮順之心惡可已，擴而充之，天下無亂不可治，無散不可聚，無弱不可强，故黄忠端之序孝經曰：「循是而行之，五帝、三王之治猶可以復。」

子曰：「教民親愛，莫善於孝；教民禮順，莫善於弟，本亦作「悌」。釋文。弟，此字補。人行之次也。釋文。

移風易俗，莫善於樂；

樂感人情者也，惡鄭聲之亂樂也。釋文。

箋云：漢書刑法志曰：「凡民函五常之性，而其剛柔緩急，音聲不同，繫水土之風氣，故謂之風。好惡取捨，動靜亡常，隨君上之情欲，故謂之俗。孔子曰：『移風易俗，莫善於樂。』言先王統理天下，一之乎中和也。」

安上治民，莫善於禮。

上好禮則民易使也。釋文。

箋云：禮記説：「禮之於正國，猶衡之於輕重，繩墨之於曲直，規矩之於方圜，敬讓之道也。故以奉宗廟則敬，以入朝廷則貴賤有位，以處室家則父子親、兄弟和，以處鄉里則長幼有序。孔子曰：『安上治民，莫善於禮』，此之謂也。」孟子曰：「仁之實，事親是也；義之實，從兄是也；禮之實，節文斯二者；樂之實，樂斯二者。」白虎通曰：「樂以象天，禮以法地。人無不含天地之氣，有五常之性者，故樂所以蕩滌，反其邪惡也；禮所以防隱佚，節其侈靡也。故孝經曰：『安上治民，莫善於禮。移風易俗，莫善於樂。』」禮樂。

禮者，敬而已矣。

敬者，禮之本也。注疏。

故敬其父則子説，音悦，注及下同釋文。

説釋文。人心感而誠服。七字補。

敬其兄則弟説，敬其君則臣説，

盡禮以事釋文。父、兄、君，則子、弟、臣皆説。明孝弟忠敬人心同。十七字補。

敬一人而千萬人説，

箋云：舊説：「一人謂父兄君。千萬人，謂子弟臣也。」疏引舊義，疑鄭同。

所敬者寡而説者衆，此之謂要道也。」釋文。要，因妙反，下同。臧云：「下無要字，當作『注同』。」

守約施博曰五字補。要。推校釋文注當有「要」字。

釋曰：此章明禮以行孝爲道之要。夫子言教民親睦慈愛，由親及疏，以恩意相人偶者，莫善於孝。惟愛親故能愛人，而仁不可勝用也。教民由禮相順，長幼卑尊各有次序，無相奪倫者，莫善於弟。孝則必弟，父子一體，昆弟一體，親愛於所生，必親愛於所同生，而父母生之，兄先弟後，自然之序，故「孝乎惟孝，友于兄弟」，而弟必從兄，是謂弟。孝友者，天性之愛；弟者，天倫之順。由弟順於兄推之，故尊老敬長，自卑尊人，而義不可勝用也。轉移風氣，變易習俗，發育其孝弟之性，以合生氣之和，導五常之行者，莫善於樂。樂者，感人心，通倫理者也。尊安君上，使不危亡，治理民人，使遠兵刑，勸率其孝弟之行，以正五倫，修十義，講信修睦，使天下長治久安者，莫善於禮。禮者，辨上下，定民志，人類之綱紀也。此以上由孝及弟，由孝弟及禮樂，四者分言而理實一貫，故下文遂以禮言孝弟，并及資父事君之義。孟子言「仁之實，事親；義之實，從兄」，實即所謂莫善也；「禮之實，節文斯二者；樂之實，樂斯二者」，明禮樂從孝弟出。此孟子傳孝經微言大義也。記曰：「立愛自親始，教民睦也。立敬自長始，教民順也。」亦此章之義。禮無不順，禮順，亦謂相敬禮順承。「禮者，敬而已矣」以下，明孝弟皆以禮行之，言禮而樂在其中。簡氏說：「經前言禮樂，而此章先樂後禮，以連有申言禮之文也。禮獨申言者，以禮節樂，作樂在行禮中也。」案禮出於愛敬之情，而愛著於敬，惟敬能盡愛，故禮主於敬。禮之大義，尊尊也，親親也，長長也。凡親親之禮，皆所以敬爲人父者，爲人子者見之，則惻然自動其孝思，覺必如是而後心安，故敬其父則子說。凡長長之禮，皆所以敬爲人兄者，爲弟者見之，則穨然自動其順心，覺必如是而後心安，是敬其兄則弟說。凡尊尊之禮，皆所以敬爲人君者，爲臣者見之，皆肅然自起其忠敬，覺必如是而後心安，是敬其君則臣說。今試讀士冠、喪、祭之禮，鄉射之禮，聘覲之禮，有不自動其孝親、敬兄、忠君之心者乎？又試觀古來孝子、弟弟、忠臣之行事，有不自動其孝弟與忠之心者乎？此敬與說之明驗也。凡人皆有孝弟忠之心，而或不自覺，禮之敬，所以覺人。人性皆善，有感斯通，敬一父、敬一兄、敬一君而千萬爲子、爲弟、爲臣之人皆説，所敬者至寡而所説著至衆。由是親愛、禮順、治安，教不肅而成矣。守約而施博，初不待每人而悦之。率性之謂道，易簡而天下之理得，此之謂要道也。簡氏云：「孝經諸文皆主孝而言，蓋事父孝者皆事兄悌，故遂言悌。祭義之言孝曰：『禮者，履此者也。樂自順此生。』故言樂而終言禮。曲禮曰：『毋不敬。』夫孝而敬其父者，必敬其兄，故經曰：『以敬事長則順』；孝而敬其父者必敬其君，故經曰：『資於事父以事君而敬同』，皆一以貫之也。」案不言母者，資於事父以事母，言父則母在其中。不言長者，以事兄之弟事長也。黄氏云：「孝悌者，禮樂之所從出也。孝悌之謂性，禮樂之謂教。因性明教，本其自然，而至善之用出焉，亦曰不敢惡慢而已。敢於惡慢人，則敢於毁傷人。敢於毁傷人，則毁傷之者至矣。故敬者，禮之實也。敬而後悦，悦而後和，和而後樂生焉。敬一人而千萬人悦，禮樂之本也。明主治天下，必知其本務而致力之，天下之和睦則必繇此也。詩曰：『穆穆文王，於緝熙敬止』，如文王則可謂知要也。」○疏引制旨曰：「制旨曰」正德本誤「制百口」，閩監毛本改「樂記云」。孝經學據之以爲元氏語，未是，今審定如此。「禮殊事而合敬，樂異文而合愛。敬愛之極，是謂要道；神而明之，是謂至德。故必由斯人以宏斯教，而後禮樂興焉，政令行焉。以盛德之訓傳於樂聲，則感人深而風俗移易；以盛德之化措之禮容，則悦者衆而名教著明。然則韶樂存於齊，而民不爲之易；周禮備於魯，而君不獲其安，亦政教失其極耳。夫豈禮樂之咎乎？」案此説甚善，審其文義，與前引制旨相類，惜乎政教失其極，明皇實不能免，卒有幸蜀之變。元氏引之，殆見微知著，以將順爲匡救乎？○「弟」，今本作「悌」。案「弟」本訓韋束之次弟，假借爲「兄弟」字，即由次弟義引申之。故弟愛敬兄，順其次弟，即謂之弟。「悌」，俗字。注云：「人行之次」，次，即次弟也。或云祭義云：「年之貴乎天下久矣，次乎事親也。」注意蓋謂孝爲人行莫大，而悌即次之，亦通。○治要引注云：「夫樂者感人情，樂正則心正，樂淫則心淫。」義無誤。「上好禮句」同釋文。又云：「敬者，禮之本，有何加焉。」以「有何加」釋「而已矣」，語意似未甚協。此「敬而已矣」乃起下之辭，言禮非他，即敬耳。故下遂歷説敬，不必贅此一語。又云：「所敬一人是其少，千萬人悦是其衆。」不悞。又云：「孝弟以教之，禮樂以化之，此謂要道也。」與首章注以至德爲孝弟，要道爲禮樂不免齟齬。

廣至德章　第十三

釋曰：道之所以爲要，本德之所以爲至，由要道推本至德，故以廣至德名章。

子曰：「君子之教以孝也，非家至而日見之也。

言教不必家到户至日見而語之，但行孝於内，其化自流於外。注疏。文選庾元規讓中書令表注引作「非門到户至而見之」。任彦昇齊竟陵王行狀注引作「非門户至而日見也」。釋文出「語之」、「但」三字。

箋云：禮鄉飲酒義曰：「君子之所謂孝者，非家至而日見之也。合諸鄉射，教鄉飲酒之禮，而孝弟之行立矣。」

教以孝，所以敬天下之爲人父者也；

天子父事三老，釋文　舊脱「父」字，今依盧校。所以教天下孝。六字補。

教以弟，今本作「悌」，據前後兩章釋文，則此字亦當作「弟」。釋文有「弟」、「悌」二本。出經字蓋皆作「弟」，注則「弟」、「悌」錯見。臧氏謂皆當作「弟」。今審定經字一作「弟」，注姑隨本。所以敬天下之爲人兄者也；

天子兄事五更，釋文。舊誤「兄弟」，今依盧校。所以教天下弟。六字補。

教以臣，所以敬天下之爲人君者也。

郊宗之禮，君事天，宗廟之禮，君事尸，所以教天下臣。二十字補。

箋云：孟子曰：「親親，仁也；敬長，義也；無他，達之天下也。」禮文王世子記説世子齒學之禮曰：「國人觀之曰：『將君我而與我齒讓，何也？』曰：『有父在則禮然。』然而衆知父子之道矣。其二曰：『將君我而與我齒讓，何也？』曰：『有君在則禮然。』然而衆著於君臣之義也。其三曰：『將君我而與我齒讓，何也？』曰：『長長也。』然而衆知長幼之節矣。故父在斯爲子，君在斯爲之臣。居子與臣之節，所以尊君親親也。故學之爲父子焉，學之爲君臣焉，學之爲長幼焉，父子、君臣、長幼之道得而國治。」大傳曰：「親親也，尊尊也，長長也，此不可得與民變革者也。」

詩云：『愷悌君子，民之父母。』非至德，其孰能順民如此其大者乎？」釋文。愷，本亦作豈。悌，本亦作弟。臧云：「石臺本、唐石經本、岳本皆作『愷悌』，鄭本當本作『豈弟』。」釋文蓋出後人改，今姑仍其舊。

箋云：爾雅釋詁：「愷，樂也。弟，易也。」表記曰：「豈以强教之，弟以説安之。使民有父之尊，有母之親，如此而後可以爲民父母矣。非至德其孰能如此乎？」

釋曰：此章明孝以起禮，爲德之至。上言禮主於敬，而敬以行孝，禮之所以一敬而天下皆説，爲道之要者，由孝本天下人心所同，爲德之至也。故夫子遂申言之曰：君子之教民以孝也，身行孝於内，而化自流於外，禮自達於下，非家至日見每人而語之也。蓋天下之理一也，教以孝，即所以遍敬天下之爲人父者也。愛敬盡於事親，於是老吾老以及人之老，使天下之民無凍餒之老者。又於太學行養老之禮，天子父事三老，執醬而饋，執爵而酳，而天下曉然於事父之道，是不啻胥天下之父，由吾而敬之也。孝則必弟，教以弟，即所以遍敬天下之爲人兄者也。禮，族食，君與父兄齒。長我之長亦長人之長，自朝廷州巷獀狩軍旅，弟道無不達。又天子兄事五更，而天下曉然於事兄之道，是不啻胥天下之兄，由吾而敬之也。孝則必忠，由子道以立臣道。教以臣，即所以遍敬天下之爲人君者也。天子至尊，而郊祭册祝稱臣，以君禮事天；君入廟門，全乎臣，全乎子，以君禮事尸，天下由是曉然於臣道，而各有禮於其君，是不啻胥天下之君，由吾而敬之也。敬即禮也，所以起敬者孝也，所敬之大如此，故所説之衆如彼。蓋親親敬長，達之天下無不同，「立人之道曰仁與義」在此。而君臣之義，所以保全天下父子兄弟，尊尊、親親、長長之道得而國治。是皆出於天命之性，易簡之至德，實爲禮之大本，人心所同然。是以措之天下無所不行，百姓親，五品遜，而愛敬不可勝用也。故復引詩以嘆美之。詩大雅洞酌之篇。愷，樂也，樂以强教之。孝悌恭敬，民皆樂之，因其所樂以勸强教諭之，所謂教以孝、教以弟、教以臣也。悌，易也，易以説安之，易則易知，簡則易從，令順民心，民日遷善而不知爲之，所謂子説、弟説、臣説也。聖人通天地生人之本，因其固有而利導之，民由是親愛禮順，以相生相養相保。故君子之於民，其教之説之，有父之尊，有母之親，非體至德，其孰能舉道之要，以順民心如此其大者乎？故曰：「堯、舜之道，孝弟而已。」子曰：「民之所由生，禮爲大」，要道也。傳曰：「孝，禮之始也」，至德也。孝故敬，敬故説，説故順。敬者，禮之本也。説者，樂之本也。敬天下之父、兄、君而天下之子、弟、臣説，禮樂之所由作也。聖人致中和、贊化育之功，盡於是矣。夫父子之道，天地生生之大德也。孝者，子道，人之所以生也。本人之所以生，而擴充其生機，以大生廣生天下萬世之人，是謂民之父母，是君道也，是師道也，是天道也。嗚呼，至矣。○注説「教以孝」云：「行孝於内，其化自流於外。」又云：「天子父事三老，兄事五更。」此義至精。蓋君子篤行至孝，誠中形外，老吾老以及人之老。養老之禮，非虚加之文，乃孝弟之德充積發見而不能自已者，所謂推恩也。聖人制禮，皆身教之實，所以天下觀感興起，亦皆勉爲孝子、悌弟、忠臣而不能自已，所謂「孝子不匱，永錫爾類」也。文王世子言世子齒學之禮，自爲世子時而學父子、君臣、長幼之道，此所以自上至下皆兢兢爲子、臣、弟、少之事。雖天子必有父必有兄，博愛廣敬，不敢惡慢於人，而德教普施，爲民父母也。曰「衆知」者，即徧敬盡説之意。祭義曰：「孝弟發諸朝廷，行乎道路，至乎州巷，放乎獀狩，脩乎軍旅。鄉里有齒，而老窮不遺，强不犯弱，衆不暴寡。」此由大學而來者也，所謂「親愛禮順，和睦無怨」也。古之教與學在此，故曰「謹庠序之教，申之以孝弟之義」。三代之學皆所以明人倫，此孝經於大學一貫之大義也。學者，學禮。學者以孝經之意觀禮，則本立道生，神而明之矣，本感應章義及孝經緯文，白虎通、公羊解詁説皆同。祭義云：「食三老五更於大學，所以教諸侯之弟。」以食三老并屬弟者，孔疏云：「以上文祀文王於明堂爲孝，故以食三老五更爲弟，文有所對也。」元疏非。「愷」，詩作「豈」，假借字。禮記作「凱」，俗字。「悌」，禮記、爾雅皆作「弟」，與「孝弟」字同義近。悌，俗字。○治要引注云：「非門到户至而日見之也，但行孝於内，流化於外也。」又云：「天子父事三老，所以敬天下老也。天子兄事五更，所以教天下悌也。天子郊則君事天，廟則君事尸，所以教天下臣。」義皆是。又云：「以上三者教於天下，真民之父母。」又云：「至德之君，能行此三者，教於天下也」義不誤而稍淺。

廣揚名章　第十四

釋曰：上言教孝、教弟、教臣，弟主於兄而兼事長，故此章遂備言孝弟忠順，不出家而成教於國，以申首章立身行道揚名之義。孝始於事親，終於立身，五孝皆必有始有終，則揚名之實已具，此章更詳説其義，故曰廣。聖治章言人之行莫大於孝，紀孝行章引舉孝子事親之節目，而孝弟一體，忠孝一體，順即弟之別，故此章遂承上兩章詳言之。結言「行成於内」，蓋人行之大於是乃備。孝弟忠順本士章之義，而士之所以立身，即王者之所以順天下，内聖外王之學，一察於人倫而已。

子曰：「君子之事親孝，故忠可移於君。

以孝事君則忠，注疏。求忠臣必於孝子之門。九字補。

事兄弟，故順可移於長。釋文。弟，本作悌，下注皆同。長，丁丈反，注皆同。　案下注皆同，謂感應章「孝弟之至」及注中有「弟」字，容此注亦有。云「注皆同」，謂此注有「長」字，且不一見也。

以敬事長則順，注疏。弟愛敬兄謂之六字補。弟，釋文。賈子道術語。弟弟善事四字補。長。釋文。曾子語。

居家理治，可移於官。釋文。治，直吏反，注同。讀「居家理故治」絶句。疏云：「先儒以爲『居家理』下闕一『故』字，御注加之。」　臧云：「按釋文、正義知經作『居家理治，可移於官。』疏疑脱『故』字，明皇加之。今石臺本、唐石經皆有『故』字。釋文據鄭注本無『故』字。是以云『居家理治絶句』，與上文異讀。今釋文有『故』字，淺人加。」　案臧説甚是，今據删。

君子所居則化，故可移於官也，注疏。家齊而後國五字補。治。釋文。

是以行成於内，而名立於後世矣。」

修上三德於内，名自傳於後代。注疏　臧云：「當作『後世』，唐人避諱改『代』。」

釋曰：上明君子以孝順天下，此明君子以孝立身。夫子言君子之事親能孝，故至誠惻怛之意，可移於君而爲忠。蓋人非父母不生，亦非君不生。天下一日無君，則弱肉强食、争奪相殺之禍立至，人莫得保其父子，故孝子事君必忠。孝出於誠，故曰：「忠者其孝之本」。事君之忠，即由此誠心推之。「資於事父以事君而敬同」，敬者，慎重懇誠之至，非虚爲恭也。事兄能弟，故敬遜從命之道，可移於長而爲順。弟必賴兄之率先，卑幼必賴尊長之率先，内則宗族婣黨之長及師長，外則官長，皆所以佐君親生成我者也。兄弟天倫，長幼天秩。弟非兄，幼非長，則倀倀乎其何之，故善兄弟爲友。手足一體，天性相愛，而弟於兄必愛又加敬，謂之弟。弟者，心順行篤也。惟然，故其道可移以事長。先王之世，弟達乎朝廷，弟達乎州巷，天下所以無鬥辯暴亂之禍，皆由家庭之間從兄後長基之也。居家能理治，言有物，行有恒，本身作則，妻子好合，兄弟既翕，得人之歡心以事其親。家事無不理治，則移以居官，出門如賓，使民如祭，夙夜匪懈，以事一人，而官事亦無不理治矣。君子之立身行道如是，是以行成於内，措之天下無不行，而名自立於後世矣。此君子之成身以成親也。名之立由行成於内，蓋君子務本，本立而道生，其所厚者薄而所薄者厚者，未之有。故孝乎惟孝，友于兄弟，即施于有政。曾子曰：「未有君而忠臣可知者，孝子之謂也。未有長而順下可知者，弟弟之謂也。未有治而能仕可知者，先修之謂也。故曰：『孝子善事君，弟弟善事長。』君子一孝一悌，可謂知終矣。」故孝經爲教忠之本。入則孝，出則弟，即可以守先王之道而垂法後世。在上者之官人，在下者之取友，亦視其家庭之間厚薄何如耳。經三言「可」，不待其事君、事長、居官而知其可也。孝者所以事君，弟者所以事長，慈者所以使衆。正家而天下定，行而世爲天下法，言而世爲天下則矣。〇黄氏云：「君子之立行，非以爲名也，然而行立則名從矣。詩曰：『文王有聲，遹駿有聲。』周公之告召公曰：『丕單稱德。』皆不諱名也。而今之君子必以名爲諱，故孝弟衰而忠順息，居家不理，治官無狀，而猥享爵禄者衆也。」顧氏炎武云：「今人自束髮讀書之時，所以勸之者，不過所謂千鍾粟、黄金屋，而一旦服官，即求其所大欲。君臣上下懷利以相接，遂承風流，不可復制，後之爲治者宜何術之操？曰：唯名可以勝之。名之所在，上之所庸，而忠信廉潔者顯榮於世。名之所去，上之所擯，而怙侈貪得者廢錮於家，即不無一二矯僞之徒，猶愈於肆然而懷利者。南史有云：『漢世士務修身，故忠孝成俗，至於乘軒服冕，非此莫由。晉、宋以來，風衰義缺。故昔人之言，曰名教，曰名節，曰功名，不能使天下之人以義爲利，而猶使之以名爲利。雖非純王之風，亦可以救積污之俗矣。』」又曰：「漢人以名爲治，故人材盛。今人以法爲治，故人材衰。」又曰：「宋范文正上晏元獻書曰：『夫名教不崇，則爲人君者謂堯、舜不足法，桀、紂不足畏，爲人臣者謂八元不足尚，四凶不足恥。天下豈復有善人乎？人不愛名，則聖人之權去矣。』」案聖人正名百物，善善而惡惡，是是而非非，使天下灼然知善之爲善而力行之，力行之而孝敬忠信之名歸焉。身有盡而名無窮，必使言爲世法，動爲世道，篤實輝光，永久弗替，而後立身行道爲無遺憾。孝經曰：「行成於内，而名立於後世。」行成於内者，務其實不願乎外也。論語曰：「君子疾没世而名不稱」，疾其無爲善之實也。是故日月有明，人皆見之，不求名而名自歸者，上也。秉燭幽室之中，有求必見，顧名而思義，循名以致實者，次也。若夫不顧名義，不恤公論，惟利是圖，昏不知恥，則民斯爲下，其禍將使天下清濁淆亂，邪慝並興，反易天明，决裂綱常，而大亂起矣。故名之所繫至大，顧氏之言，雖未及乎孝經揚名之義，亦愛禮存羊、剝極思復之苦心至論也。○簡氏云：「孝經言孝不言慈，言弟不言友，何也？蓋孝經者，專與人子言孝者也。瞽叟不慈，舜以孝事之而底豫，是能以子之孝成父之慈也。彼子不孝者，豈不曰父不慈乎？禮坊記云：『父母在，言孝不言慈。』此其慎也。爾雅曰：『善兄弟爲友。』孝經言弟善於兄，而不言兄善於弟，猶其言子慈於親，據諫諍章言慈愛，與內則「慈以旨甘」同義。而不及親慈於子也，亦坊也。彼弟不悌者，豈不曰兄不兄乎？若夫治家而家理者，必無失於子矣，亦必無失於弟矣。無失於子，慈也；無失於弟，友也。事親者得子弟之懽心以事其親，是事親者之慈之友，皆事親者之孝也。純乎其爲孝經也。」案兄弟相愛爲友，而弟於兄愛又加敬謂之弟。言弟則友在其中，而順由此推，此孝經立教之精義也。天下之患，必起於幼而不孫弟，由其不弟，則不孝不忠將無所不至，此孝經防患之至意也。居家理治，則父慈子孝，兄良弟弟，夫義婦聽，長惠幼順，無所不用其極，而皆以一孝統之。此孝經所以爲天下之大本也。○據疏則「理」下「治」上本無「故」字，據釋文則鄭以「理治」絶句，蓋鄭學之徒相傳舊讀。臧氏云：「忠與孝，悌與順，各兩事，故分言之。居家、居官之理治一也，故合言之。唐本增經字，非。」案易家人初九，荀注引孝經「居家理治，可移於官」，與鄭本鄭讀同。○治要引注云：「以孝事君則忠，欲求忠臣，出孝子之門，故可移於君。」義是。又云：「以敬事兄則順，故可移於長也。」義可通而文與經相參錯。又「所居則化」下，有「所在則治」四字。

諫諍章　第十五

釋曰：上論孝道已備，曾子更欲顯諫諍之義，以盡愛敬之誠，使安親揚名之道無時而窮。夫子爲詳説之，故以諫諍名章。

曾子曰：「若夫慈愛、恭敬、安親、揚名，則聞命矣。敢問子從父之令，可謂孝乎？」釋文。令，力政反。下及注皆同。

事親有隱無犯，故疑從九字補。令釋文。爲孝。二字補。取唐注引檀弓義。

釋曰：若夫，從上轉狹之辭。慈愛，愛也。恭敬，敬也。安親，天子不毀傷天下，諸侯、大夫、士不毀傷家國，庶人不毀傷其身，生則親安之也。揚名，立身行道，行孝有終，以顯其親也。上文所言孝道，不外此八字。曾子言若夫盡慈愛恭敬之道，以致安親揚名，既聞夫子之教命矣，敢問子一於從父之令，可謂孝乎？蓋愛則不忍拂意，敬則不敢違命，而父之令設有不善，從而不諫，或致親身危而名辱，又非所以爲愛敬，二者兩難。欲夫子明示其義，故發此問。上言愛敬詳矣，曾子更以慈恭二字足其義。皇氏謂：「慈恭者，愛敬之小别。慈者孜孜，愛者念惜，恭者貌多，敬者心多。上陳愛敬，則包慈恭。」劉炫云：「愛出於内，慈爲愛體。敬生於心，恭爲敬貌。」義皆是。又對文則子愛親爲孝，親愛子爲慈，散文則慈即愛也，上下通稱。劉氏引「内則子事父母，『慈以旨甘』，喪服四制云：高宗『慈良於喪』，莊子曰：『事親則孝慈』，並施於事上。」是也。

子曰：「是何言歟？釋文。音餘，下同。案今本作「與」。「歟」，正字，「與」，假借字。是何言歟？

孔子欲見諫諍之端。釋文。諍，鬥也。案「諍」與「鬥」義絶殊，又萬無以「争鬥」訓「諫諍」之理。且「諍」字何以無音？竊意釋文此句脱誤殊甚。「諫諍」下當本云：「側迸反，止也。通作争，音同。諫争，非争鬥也。」義乃可通。蓋經作「争」，注以「諍」釋之，以正字釋借字也。經之「争」字當讀如「諍」，故釋文音注「諍」字，即音經「争」字讀同之，而又辨其與「争鬥之争」異讀。事君章釋文「争鬥之争」上亦當有「非」字。寫者不察，文乖理謬。正與喪親章「哭不偯」，陸氏所譏俗作「哀」，同一瞀亂。傳寫之失，悖經反傳如此，故校勘之學不可不講。

昔者天子有争臣七人，雖無道，不失天下。釋文。本或作「不失其天下」，其，衍字。　臧云：「石臺本正義無『其』字。」

争，諫諍。三字補。七人，謂三公及左輔、右弼、前疑、後丞。後漢書劉瑜傳注。「丞」作「承」。「前疑後丞」在「左輔右弼」上。釋文出「左輔右弼」、「前疑後丞」八字。云：「弼，本又作拂，音同。丞，本亦作承。」今依陸本。維持匡救，使不失愛敬。九字補。

箋云：「争」，古本或作「諍」。白虎通曰：「臣所以有諫君之義何？盡忠納誠也。論語曰：『愛之能勿勞乎，忠焉能勿誨乎？』孝經曰：『天子有諍臣七人，雖無道，不失其天下。』天子置左輔、右弼、前疑、後丞。陽變於七，以三成，故建三公，序四諍，列七人。雖無道不失天下，杖仗通。群賢也。」諫諍。

諸侯有争臣五人，雖無道，不失其國。

防其驕溢，四字補。使不危殆。

大夫有争臣三人，雖無道，不失其家。

箋云：明皇曰：「降殺以兩，尊卑之差。言雖無道，爲有争臣，終不至失天下，亡家國。」

士有争友，則身不離於令名。釋文。「離」上無「不」字，偶脱耳，非異本。

士卑無臣，以友輔仁。八字補。

父有争子，則身不陷於不義。釋文。陷，没也。陷，從爪下非。下同。案「下同」當作「注同」。

父失則諫，故免陷於不義。注疏。

箋云：論語曰：「事父母幾諫，見志不從，又敬不違，勞而不怨。」内則曰：「父母有過，下氣怡色，柔聲以諫。諫若不入，起敬起孝，説則復諫。不説，與其得罪於鄉黨州里，寧孰諫。父母怒，不説而撻之流血，不敢疾怨，起敬起孝。」易蠱六四：「裕父之蠱，往見吝」。虞氏曰：「裕，不能争也。孔子曰：『父有争子，則身不陷於不義。』」

故當不義，則子不可以不争於父，臣不可以不争於君。

君父有不義，臣子不諫諍，則亡國破家之道也。臣軌匡諫章注。

故當不義則争之，從父之令，又焉得爲孝乎？」釋文。焉，於虔反，注同。

委曲從君父之令，善只爲善，惡只爲惡，又焉得爲忠臣孝子乎？臣軌匡諫章注。

釋曰：兩言「是何言歟」，蓋深見曲從之不得爲孝，以起諫諍之端，爲深愛篤敬者發其疑，非以曾子爲大誤而斥之也。「昔者天子有争臣」以下，詳論諫諍之義。「争」者，「諍」之借，故鄭注釋爲「諍」，或鄭本經字亦作「諍」。夫子言昔者天子有諫諍之臣七人，陳善納誨，勉以先王之道，惕以亡國之戒，雖或無道，不至於大惡於民以失天下。諸侯有諍臣五人，戒以天子之削黜，百姓之怨叛，鄰國之侵伐，雖或無道，不致驕溢以失其國。大夫有諍臣三人，勗以法言德行，敬恭君命，無曠官守，雖或無道，不至事君無義、敗國病民以失其家。士卑無臣，有能直言諫諍之友，或仕或學，以孝弟忠順之道相切直，則身不離去於善名。自上至下，爲父者有賢智能諫諍之子，先意以迎機，承志而歸美，至誠懇惻，彌縫變易其失，以諭之於道，則親之身不陷没於不義之中。故當不義，將至身危而名辱，則子不可以不諍於父，不諍是漠視其親之陷也；臣不可以不諫於君，不諍是漠視其君之失也。於愛敬之心，必不忍出，必不敢出，故當不義則諍之，所以安榮其君親也。若徒從父之令，而不顧親之安危榮辱，又何得爲孝乎？蓋孝經大義，在天子、諸侯、卿大夫、士、庶人各保其天下、國家、身名。君有争臣，士有争友，父有争子，則雖有失道而不陷於兵刑亂亡，故當不義則不可以不争。嗚呼，臣子睹君父危亡將至，而秦、越相視，不關痛癢，朝廷之上，維諾泄沓，持禄保位，遂使蠻夷猾夏、寇賊姦宄之禍日甚一日。安危利菑，欺飾如故，至於河決魚爛，淪胥以亡而後已，此又與亂賊之甚者也。荀子曰：「孝子所以不從命有三，從命則親危，不從命則親安，孝子不從命乃衷。從命則親辱，不從命則親榮，孝子不從命乃義。從命則禽獸，不從命則修飾，孝子不從命乃敬。故可以從而不從，是不子也。未可以從而從，是不衷也。明於從不從之義，而能致恭敬、忠信、端愨以慎行之，則可謂大孝矣。」又說：「子貢以子從父命爲孝，臣從君命爲貞。孔子曰：『昔萬乘之國，有爭臣四人此與孝經小異，蓋傳聞異辭。則封疆不削；千乘之國，有爭臣三人，則社稷不危；百乘之家，有爭臣二人，則宗廟不毀；父有爭子，不行無禮；士有爭友，不爲不義。故子從父，奚子孝；臣從君，奚臣貞，審其所以從之之謂孝，之謂貞也。」子道。王符潛夫論曰：「君子夙夜箴規蹇蹇非懈者，憂君之危亡，哀民之亂離也。故君子推其仁義之心，愛君猶父母，愛民猶子弟，父母將臨顛隕之患，子弟將有陷溺之禍，豈能默乎哉。易曰：『王明，並受其福』，是以次室倚立而嘆嘯，楚女揭幡而激王，忠愛之情固能已乎？」釋難。此臣子所以當諫諍之義也。曾子曰：「父母有過，諫而不逆。」又曰：「父母之行若中道，則從；若不中道，則諫；諫而不用，行之如由己。從而不諫，非孝也；諫而不從，亦非孝也。孝子之諫，達善而不敢爭辨。爭辨者，作亂之所由興也。」白虎通曰：「人懷五常，故諫有五。其一曰諷諫，二曰順諫，三曰闚諫，四曰指諫，五曰陷諫。諷諫者，智也，知患禍之萌，深睹其事未彰而諷告焉，此智之性也。順諫者，仁也，出辭遜順，不逆君心，此仁之性也。闚諫者，禮也，視君顏色不悦且卻，悦則復前，以禮進退，此禮之性也。指諫者，信也，指者，質也，質指其事而諫，此信之性也。陷諫者，義也，惻隱發於中，直言國之害，勵志忘生，爲君不避喪身，此義之性也。」此臣子所以致諫諍之禮也，皆孝經之微言大義也。五諫蓋因事之輕重而爲之，曾子云：「達善而不敢争辨」，此尤足明經所云「當不義則争之」者。諫止君父之失，一出於愛敬之誠，而不敢稍涉於意氣。此經「争」字，與「在醜不争」之「争」異讀異義，絶不相涉。彼争勝之争，在儕輩且不可，而况於君父乎？曰「争辨者，作亂之所由興」，可謂深得聖人立教之旨，爲萬世臣子大爲之坊者矣。達善不敢争辨，事親如此，事君亦然。苟以至情至理懇誠規諫，自非桀、紂之昏暴，當無不見聽。若稍近意氣之争，則本意雖善，所言雖當，或激之使變本加厲，其去孝經争之使不失、不陷之道遠矣。唐氏説：「曾子所言，皆幾諫之法式，而諫而不用，行之如繇己，尤宜出自然。古人云：『天下無不是之父母』，此語有功名教不淺。蓋家庭之間，非計較是非之地。自來拂逆父母者，祇因見己是而親非，不知爲人子而不能先意承志、諭親於道，而動輒與親相違，縱令所據之理極是，已屬不合，而况所見之實謬乎？總之一與親有計較是非之心，則其人決非孝子矣。曾子曰：『孝子惟巧變，故父母安之。』巧變者，非機械變詐之謂。人子事親之心，愈真則愈巧，赤子之良知發於笑啼動作者皆是也。良心不泯，斯能由至誠而巧變，此亦生於自然，非可有意而爲之也。」案此説深得經旨。曾子所謂行之如繇己者，有弭縫變易之巧而無矯拂之迹。臣子之於君親，諫而不從，則引爲己之罪，故凱風成言君子自責之志，而大夫去國，不説人以無罪，諫而從，則貴美於君親。故易曰：「幹父之蠱，意承考也。」記引書曰：「此謀此猷，我君之德。」曲禮曰：「爲人臣之禮不顯諫，三諫而不聽，則逃之。」逃之者，自以無益於君，不敢虚縻爵禄也。又曰：「子之事親也，三諫而不聽，則號泣而隨之。」號泣而隨之者，若小兒之有求不得而啼，以至誠感動之也。夫然，故諍之而有濟，君父得以不失不陷，猶士之争友忠告善道，則能使不離於令名也。經傳言諫諍之道詳矣，此章其提綱也。○黄氏云：「君父皆聖明，而亦有不義何也？曰：聖明之過，不裁於義，則亦有不義者矣。裁而後顯之，裁而後安之。」案臣子視君親皆聖明，故凱風曰：「母氏甚善」。昌黎述文王之意曰：「天王聖明」，於其有不義，視之若日月之食，言諍之如救天灾也。易曰：「王明，並受其福。」王之不明，而曰王明，求其明而受福也。此聖人所以爲人倫之至也。○賀氏長齡曰：「子不能成親，不得爲孝；臣不能成君，不得爲忠；君不能成天，則於君道有闕，萬古綱常所以爲天柱地維也。此章乃萬世法鑒，與對定公一言興邦之問同義，乃於論孝發之，遂及天子、諸侯、大夫、士。凡敗國喪家亡身，皆由便於己之一念爲之，便於己者必不便於人，故禍患隨之。諫諍所以去其便己之私。臣之所以成其君，子之所以成其父，士之所以成其友，扶綱常而維世道，此聖人大作用。故曰：『我志在春秋，行在孝經。』春秋誅亂賊以罪臣子，而君父之失自見，是春秋乃萬世之争臣争子也，聖人之憂天下後世至矣。」案此説甚有意理。不善而莫之違，則一言而喪邦，故當不義則臣子不得不争。孝子忠臣極愛敬之誠，以救其君父之失，則思患豫防，絶惡未萌，辯之早辯，而亂賊之簒奪，兵刑之覆亡無由至矣。此孝經與春秋一貫之大義也。義非學不明，臣子欲安樂其君親，必先博學篤行，明善誠身，以順乎親而獲乎上。且通達古今治道，精義窮理，以權衡當世之務，方不至失言以誤家國，此又孝經與大學相成之要道也。○經「争」字，各本多作「争」，而白虎通引經作「諍」，臣軌引經注皆作「諍」。釋文出注「諍」字，不出「争」字，文多脱誤，前已辨之。竊意注當以章名「諫諍」釋「争臣」、「争子」之「争」，而「諍」從「争」聲，童蒙讀不能别，教授之師或於注旁添注「非争鬥也」四字，寫者誤以入注，故釋文詳辨鬥字之形。或可注本有此語，以曉童蒙。且當時漢室已衰，争奪之臣接迹，故鄭特辨之，以此坊民。近世亂賊，猶有誣借争字以飾逆節者，豈知經所謂諫争，務以安利其君親，忠孝之至也。彼乃敢肆行争奪以危害其君親，此孝經所謂五刑之罪莫大，春秋所必誅之亂臣賊子也。亂賊侮聖言，故備論經義，以息邪説，詳校誤文，以爲寫古書不慎者戒。〇「争臣七人」，注據文王世子以爲三公四輔，確不可易。古者凡臣皆得諫，而七人特以老成人有盛德者充之，且官不必備，惟其人，如周公、太公、召公爲三公，加史佚又爲四輔，并下兼師氏、保氏之職，是也。皮氏謂後世皆得諫而特設諫官，亦此意。「争臣五人」，簡氏以酒誥太史友、内史友、圻父、農父、宏父三卿當之，近是。「使不危殆」，與諸侯章「高而不危」注義相應，蓋釋不失其國之義。「争臣三人」，經傳無成文可考，要不外室老、士、宗人之等耳。臣軌引注「善只爲善，惡只爲惡」，謂善祇從而爲，善惡祇從而爲惡，不能諫諍以易其惡爲善。臣軌之書，亦未免可疑，姑存之。〇治要引注云：「七人者，謂太師、太保、太傅、左輔、右弼、前疑、後丞。維持王者，使不危殆。」又云：「尊卑輔善，未聞其官。」又云：「令，善也。士卑無臣，故以賢友助己。」又云：「委曲從父命，善亦從善，惡亦從惡，而心有隱，豈得爲孝乎？」義皆無誤。惟「使不危殆」四字，似當屬「諸侯」二句下。「士卑無臣」，與禮注合，末條與臣軌引注大同，且似較勝。兩文不謀而合，或治要所引不盡僞，約而論之，如此章「士卑無臣」二句，廣至德章「郊則君事天」三句之等，雖謂真鄭注可也。若聖治章釋「君臣之義」及「君親臨之」兩注之等，則决非原文，學者擇焉可也。

感應章　第十六

釋曰：自廣揚名章以上，言慈愛、恭敬、安親、揚名之道已備，更陳諫諍之事以盡其義，故此章遂概括首章以來之旨，言孝德感通，天人皆應，以極歎美之。易上經首乾、坤，下經首咸。咸，感也，彖曰：「二氣感應以相與。」天地感而萬物化生，聖人感人心而天下和平。天地所以生萬物，聖人所以繼天立極，盡其性以盡人物之性，致中和，贊化育者，一感而已矣。故臨：「君子以教思無窮，容保民無疆。」初、二皆曰咸臨，感之所以臨之也，感則無不應。先王以至德要道順天下，則民用和睦，上下無怨，即感應之義。全篇所言皆此理，而此章義尤明顯，故以名章。今本作「應感」，謂應其所感，不如鄭本於經文爲順。

子曰：「昔者明王事父孝，故事天明；

盡津忍反，下同。孝於父，釋文。推以尊天，祭帝於郊，以定天位，欽若奉時，審諦五精，順其氣化。二十四字補。

箋云：春秋繁露曰：「事天與父同禮也。」堯舜不擅移湯武不專殺篇。禮哀公問記曰：「仁人之事親也如事天，事天如事親。」鄭氏曰：「事親事天，孝敬同也。孝經曰：『事父孝，故事天明。』」釋文。

事母孝，故事地察；

盡釋文。孝於母，推以親地，祀社於國，以列地利，教民美報，分別五土，二十三字補。視其分符問反。理也。

箋云：禮鄭說：「察，猶著也。」中庸注。

長幼順，故上下治。

長釋文。幼有序，故上下無相奪倫而十一字補。治。釋文。

天地明察，神明章矣。釋文。章，如字。本又作彰。案今本作「彰」。

箋云：周禮曰：「天神降，地示出，可得而禮。」易虞說：「章，顯也。」

故雖天子必有尊也，言有父也；

謂養老也。禮記祭義疏。雖貴爲天子，必有所尊事若原誤君，今依嚴校。父者，謂三老也。北堂書鈔原本八十八養老無「謂」字。祭義疏作「父謂君老也」。「君」當作「三」，今正。

箋云：春秋繁露曰：「教以孝也。」爲人者天。

必有先也，言有兄也。

必有所推先若兄者，謂五更也。十二字補。

箋云：春秋繁露曰：「教以弟也。」同上。白虎通曰：「王者父事三老，兄事五更者何？欲陳孝弟之德以示天下也。故雖天子必有尊也，言有父也；必有先也，言有兄也。」鄉射。

宗廟致敬，不忘親也；

箋云：高誘引此經曰：「四時祭祀，不忘親也。」吕氏春秋孟秋紀注　案此合喪親章「春秋祭祀」二句而約舉之，其意則是，足正唐注之失，故引之。

脩身慎行，恐辱先也。

箋云：祭義曰：「父母既没，慎行其身，不遺父母惡名。」

宗廟致敬，鬼神著矣。

事生者易，事死者難。聖人慎之，故重其文也。疏無「也」字。釋文出「事生者易」，「故重」、「其文也」九字。

孝弟之至，通於神明，光于四海，無所不通。「弟」，釋文作「悌」。據廣揚名章釋文則此字本作「弟」，今據改。

若周公成文、武之德，立孝十字補。弟見廣揚名章釋文。之極，通於神明，則天無疾風暴雨，光于四海，十七字補。則重譯來貢，釋文。明光上下，勤施四方，無所不通。十二字補。

釋曰：此章概栝全經論孝弟之義，而與三才章以下三章尤相表裏。天地明察，通神明，光四海，蓋就郊祀宗祀而極言之。夫子言昔者明王事父盡孝，故事天能明，事母盡孝，故事地能察，在家長幼順序，故在國上下理治。惟孝故順，孝而至於天地明察，則神明之道章矣。天道遠，人道邇，神明章，天地應，則順之而無不順可知矣。蓋事天明者，尊之至也，事地察者，親之至也。孝莫大於嚴父，先意承志，纘緒成德，凡父所爲，子無不奉承而敬行之，不敢不致如父之意。推此以事天，則天之明以道民，通神明之德，類萬物之情，合天下愛敬之心以尊天，窮元氣運行、於穆不已之神而精意以享，是謂事天明。資於事父以事母而愛同，樂其心不違其志，樂其耳目，安其寢處，以其飲食忠養之。推此以事地，因地之利以利民，養其欲，給其求，樹木以時伐，禽獸以時殺，致天下愛敬之利以親地，辨厚德載物、高下九則之理而美報其功，是謂事地察。易乾爲天爲父，坤爲地爲母，王者父天母地，所以由事親而事天，而祭天地以祖考配，孝敬同也。上下治者，順之至也。長幼天倫，上下天秩，一家之中，長惠幼順則倫理正，恩義篤，群居和壹。推此以治國，則小德役大德，小賢役大賢，士讓爲大夫，大夫讓爲卿，官職相序，君臣相正，天下相厲以禮，尊讓不爭，潔敬不慢，而犯上作亂之萌絶矣。堯典九族既睦，然後百姓昭明，百姓，謂百官族姓。黎民於變時雍，是上下治，此孝弟之感應也。但上下治即長幼順之應，而事天明、事地察猶是明王孝德之感，故復申言「神明章」以著其應。且弟出於孝，詳言孝而弟義該矣。此事父事母之孝，蓋統王者爲世子時，及即位後奉養祭祀而言。長幼順，謂王者自敬順其諸父諸兄，如族食、族燕『公與父兄齒』之等是也。「故雖天子必有尊也」四句，承孝與順而申言之。明王所以明察天地而治上下者，由孝與順，故雖天子之貴，必有所尊也，養老之禮，天子父事三老，以言有父也。天子繼世而立，不得事父矣，而特起養老之禮，以明有父之義。此所以追養繼孝，必得萬國之歡心以事其先王，而創業之君或父在者，則如舜之事瞽瞍以天下養也。必有所先也，天子兄事五更，以言有兄也。天子以正體繼世，無嫡長兄，而於養老明有兄之義。此所以皇矣之詩，追述泰伯之德先於王季也。養老之禮，教天下事父事兄，禮之大者，孝經古義皆以説此文。明皇以尊諸父諸兄，蓋上文「長幼順」之義，貴老爲其近於父，敬長爲其近於兄，則諸父諸兄與尊者一體。諸兄同出於父祖而年長，其必尊之先之可知。詩行葦序曰：「内睦九族，外尊事黄耇。養老乞言，以成其福禄。」則理固一貫矣。上兼陳事父母之孝，言有父，則天子母在者，自盡孝於母可知，故下文以「親」字總承之。「宗廟致敬」以下，承有父有兄而舉孝思以明感應，因極歎孝弟之至。自天子至士皆有宗廟，庶人祭於寢，而致敬則一。宗廟祭祀，致其誠敬，事死如生，事亡如存，不忘親也。自天子至於庶人，皆以脩身爲本。父母既没，將爲善，思貽父母令名，必果。將爲不善，思貽父母羞辱，必不果。脩正其身，謹慎其行，惟恐辱其先人也。夫惟脩身慎行，不辱其先，而後致敬於宗廟者爲真能致敬。故孝子臨尸而不怍，祝史誠信於鬼神無愧辭。宗廟致敬，則合莫通微，祖考來格，鬼神之道著矣。人神曰鬼。上言神明章，天地之應也，此言鬼神著，祖考之應也，皆孝德之所感。至孝者必至弟，孝弟之至，精誠通於神明，所以能嚴父配天，德教充於四海，故萬國各以其職來祭。博愛廣敬，弭綸周浹，無所不通。蓋聖人之爲孝也，必使天下盡被其愛敬，而後孝德乃大，必使萬世永被其愛敬，而後孝德乃久。王者父天母地，孝於父母者，以身存父母之神，大孝尊親，博施備物，必合萬國之歡心以事其先王，使神罔時怨，神罔時恫，而後孝思乃盡。孝於天地者，以身立天地之心，必使天之所生，地之所養，各得其所，升中於天，足以顯神明，昭至德，自天祐之，吉無不利，而後孝道乃備。故曰：「郊社之禮，所以事上帝也。宗廟之禮，所以祀乎其先也，明乎郊社之禮、禘嘗之義，治國其如示諸掌乎？」夫天道遠，人道邇，行遠自邇，守約施博，德極於神明彰，而不外事父母之孝，化極於上下治，而不外長幼之順，信乎「夫孝，天之經也，地之義也」，「人人親其親、長其長而天下平」，「堯、舜之道，孝弟而已」。夫明天察地，孝德所推，宗廟致敬，孝思之至，而繼以孝弟並言者，孝則必弟，合而成體。且周公成文、武之德，宗祀明堂，初既以文王配帝，繼則祖文王而宗武王，率天下諸侯而見文、武之尸，則孝弟並立其極。此章所言，蓋即指周公之事，與聖治章義相足。孔子潛心文王，夢見周公，學禮從周，如有用我，其爲東周，蓋欲以此道順天下也。春秋經世，先王之志，孝經其大本乎？〇黄氏云：「凡爲明王，父天母地，宗功祖德，因郊祀以致敬於祖禰，祀天以祖考配。因禘嘗以致愛於邦族，愛其所親，由孝而弟，即長幼順之義，此邦族，猶言公族。因祖禰以敬人之父老，因邦族以愛人之子弟，博愛廣敬，長幼順而上下由此治。因天下之父老子弟以自愛敬其身。身者，天地鬼神之知能也。天地鬼神有天子之身以效其知能，而後禮樂有以作，位育有以致。」案此論孝道，貫徹天人之立。此章精義，見易、禮記者，取之可左右逢原，後世惟張子西銘最得其意。〇又案鬼神之説，儒釋各家互争，惟聖人之言中正無弊，得乎人心之所同安。禮記曰：「氣也者，神之盛也。魄也者，鬼之盛也。合鬼與神，教之至也。衆生必死，死必歸土，此之謂鬼。骨肉斃於下陰爲野土，其氣發揚於上爲昭明。焄蒿悽愴，此百物之精也，神之著也。」聖人之言鬼神也如是。孝經曰：「事父孝，故事天明；事母孝，故事地察；天地明察，神明彰矣。宗廟致敬，鬼神著矣。」又曰：「春秋祭祀，以時思之。」禮記曰：「惟聖人爲能饗帝，孝子爲能饗親。饗者，鄉也。鄉之，然後能饗也。」聖人之事鬼神也如是。論語曰：「未能事人，焉能事鬼。」傳曰：「聖王先成民而後致力於神。」又曰：「國將興，聽德於民，將亡，聽於神。神，聰明正直而壹者也，依人而行。」聖人之務民義而不瀆鬼神也如是。蓋氣也者神之盛，天有日月星辰，地有山川丘陵，皆積氣成形，則必有神以宰之。神形合則爲人，形神離則爲鬼。魂氣歸天，而祖考與子孫，喘息呼吸，精氣相通。苟有子孫，則其必憑依之而不遽散。其先有功德，後世賴其功思其人者，其神亦必依之而常存。故天有神，地有祇，人有鬼。雖視之不見，聽之不聞，而其理固平易可得而質言也。神與人異道，聖人之爲祭祀也，非曰神嗜飲食也，以爲萬物本天，人本乎祖，報本反始，時思追養，通其精誠於神明，因以教天下順天事親，以立愛敬之本也。神與人異職，聖人之言禍福也，曰：「神福仁而禍淫」，曰：「求福不回」，曰：「自求多福」，禍福無不自己求之者。仁則榮，不仁則辱，國家明其政刑，則莫敢侮之，般樂怠敖，則自求禍。故聽於民者必興，聽於神者必亡。又曰：「賢者之祭必受其福」，非世所謂福也。福者，備也。備者，百順之名也，無所不順之謂備。彼諂瀆鬼神以求福者，其流入於左道亂政，蔑視鬼神爲無知者，其流至於悖逆不順，二者相反相因。蓋瀆鬼神者，其心徒爲徼福求利，本不知有天人之理，本不出於敬天愛親之誠。其畏父兄也，不若其畏鬼神，其信聖經也，不若其信釋氏。故邪説左道易以惑，而一反之，則敢於慢天，忍於忘親，犯上作亂相因而至矣。苟知孝經之教，則安有溺於虛無以誤家國，悖於倫理以陷逆亂之患哉。○治要引注云：「盡孝於父則事天明，盡孝於母則事地察。其高下視其分察「察」字誤，嚴改「理」。也。」義淺，文又不完。又云：「卑事於尊，幼事於長，故上下治。」不誤。又云：「事天能明，事地能察，德合天地，可謂彰也。」說『神明』章未當。又云：「雖貴爲天子，必有所尊，事之若父者，三老是也。必有所先，事之若兄，五更是也。」義不誤。「兄」下脱「者」字。又云：「設宗廟，四時齊戒以祭之，不忘其親。修身者，不敢毁傷，慎行者，不歷危殆，常恐其辱先也。」亦不誤。「事生者易」四句同疏引。又云：「孝至於天則風雨時，孝至於地則萬物成，孝至於人則重譯來貢，故無所不通也。」亦無誤。

詩云：『自西自東，自南自北，無思不服。』

義取德教流行，莫不被唐注作「服」，今從釋文。義從化也。注疏。釋文出「莫不被」三字。

箋云：詩鄭説：「自，由也。武王於鎬京行辟廱之禮，自四方來觀者皆感化其德，心無不歸服者。」

釋曰：詩，大雅文王有聲之篇，引以證「光於四海，無所不通」之義。天心即人心，四海無思不服，則通於神明可知矣。孔氏云：「辟廱之禮，謂養老以教孝悌也。」案此經所引，正詩之本意。周公治定功成，制禮作樂，此詩兼述文、武之功德，所謂孝弟之至。曾子言孝塞乎天地、横乎四海，亦引此詩，本夫子之訓。○治要引注作「孝道流行，莫敢不服」，與唐注、釋文皆不合。

事君章　第十七

釋曰：上章極歎孝弟之至，而孝經大義，以孝道維持君臣，使天子至於庶人，各保其祖父所傳之天下國家、身體髮膚，則天下世世太平，灾害不生，禍亂不作。君臣之道立，而天下人人永保其父子。故孝道於五倫無所不周，而君臣之義，與父子尤始終相維。忠孝同理，聖人所以愛敬天下之本，故於篇將終極贊孝德之後，特出事君專章，以申首章孝中於事君之義。士章言資父事母，資父事君，廣要道以下三章歷言敬父、敬兄、敬君，故前章言事父孝、事母孝，言必有父、必有兄，而此以事君繼之。又諫諍章言諍臣諍子，此章子道既備而特説臣道，皆其相次之理。子曰：「吾志在春秋，行在孝經。」孝經發事君章，而春秋之大義著矣。

子曰：「君子之事上也，

上陳諫諍釋文。争鬥之争。　案「争」上脱「非」字。陸氏蓋特辨之，不料後人亂之至此。之義畢，欲見釋文。臣道之全，故發此章。八字補。

箋云：易鄭説：「上，謂君也。」

進思盡忠，

公家之利，知無不爲，正色立朝，十二字補。死君之難，爲盡忠。文選曹子建三良詩注。釋文出「死君之難」四字。

箋云：韋氏曰：「進見於君，則思盡忠節。」注疏。

退思補過，

雖在畎畝，猶不忘君。自咎效忠有所未盡，故思補過。二十字補。

箋云：韋氏曰：「退歸私室，則思補其身過。」疏舊注同。

將順其美，

善則稱君。臣軌公正章注。

箋云：詩鄭説：「將，猶扶助也。」樛木箋。

匡救其惡，

過則稱己。同上。

箋云：論語馬氏説：「救，猶止也。」八佾集解。鄭氏詩譜序曰：「論功頌德，所以將順其美，刺過譏失，所以匡救其惡。」

故上下能相親也。

箋云：易泰象傳曰：「上下交而其志同也。」

釋曰：此章明移孝作忠、以忠成孝之義。夫子言君子之爲人臣下而事上也，進而在朝，思盡其忠誠，常則竭力盡能，以立功於國，變則見危授命，有死無二。退而在野，思補其身過，不以爲君無知人之明，而自咎所以效忠者有未至。惓惓之誠，必求所以致君濟國之方，以圖異日之仰報。君有美善，扶助而奉行之，使善日以長。君有過惡，匡正而救止之。使過無由遂。夫然，故上下以至誠感孚，而能相親如腹心手足也。君子之所以事上者如此，蓋父子之道，天性也，君臣之義也。以孝事君則忠，故孝子之事君也如事親，至誠惻怛，善惡吉凶視爲切身。公家之利，知無不爲，密勿從事，自知不足。其陳善納誨，一以悱惻忠厚出之。其愛國也至，故其謀國也審，其愛君也誠，故其告君也明。因勢利導，先事豫防，萬不忍以維諸誤人家國，亦不忍以毫末意氣，激成朋黨，釀成事變。殺身非痛，負國爲痛，深思熟計，必求有濟，故事君之敬，皆出於愛。上下相親，則君臣同慶。夫子此章，立萬世人臣之極，其言婉篤誠懇，本孝而出。後世大臣惟諸葛武侯、陸宣公諸人近之，學而入政、移孝作忠者，所當深長思也。黄氏云：「生我者父，父有過，諫之。諫之不聽，而號泣以隨之。至於君，則曰非獨吾君也，是愛敬其君不若其父之至也。且以父爲得罪於周里鄉黨，不憚勞身以成父之名。至於君而獨不然者，寧使君取咎於天下萬世，不欲當吾身失其禄位，則是以身之禄位重於君之社稷。君臣上下亦泮乎如道路人之不相親而已。此後世持禄保位之臣，不忠之尤，與孝經之義以忠順保禄位者相反。親之莫若以忠與上，盡忠事上。以過自與，過則歸己。以美救惡，引君之美以除其惡。以惡匡美，易君之惡以全其美。是仲尼所以取諷也。」又云：「愛，資母者也。敬，資父者也。敬則不敢諫，愛則不敢不諫。愛敬相摩，而忠言迸出矣。忠者，孝之推也。孝者，天地之經義，物之所生成。忠者，孝之所中務也。以孝作忠，其忠不窮。」案事君之敬資於事父，則敬之至節即愛之至也。故孔子論諫取諷，而此章論事君曰「上下相親」，下引詩「心乎愛矣」之文。忠者孝之中務，所謂「中於事君」也。以孝作忠，其忠不窮，所謂本立而道生也。愛敬相摩，忠言迸出，此黄氏自道忠孝之誠。○注云：「死君之難爲盡忠。」此上有闕文。故取左傳荀息語，公羊説孔父之事以補之。論語云：「事君能致其身。」死難尤忠之大者，自此義不明，而反顔事讎、行同狗彘者比比矣。韋氏以進爲進見，退爲退朝，與鄭聖治章注異，而謂補其身過則同。元氏引國語「夜而記過」證韋説。鄭以「善則稱君」釋「將順其美」，竭力贊襄，一歸美於君也；以「過則稱己」釋「匡救其惡」，君有過舉，臣自以爲不能格心匡德之罪也，故思補過。○治要引注云：「君臣同心，故能相親。」義無誤。

詩云：『心乎愛矣，遐不謂矣。中心藏之，何日忘之。』」

箋云：禮表記曰：「事君欲諫不欲陳」，引詩「遐」作「瑕」。鄭氏曰：「瑕之言胡也。謂，猶言也。」詩箋曰：「遐，遠。謂，勤也。」「藏」，詩鄭本作「臧」，曰「善也。」

釋曰：詩小雅隰桑之篇。上文所言皆愛君之意，故引此詩以證之，與表記義同。言心乎愛君，何有不盡忠以告。此忠愛之意，中心藏之，非可陳之於外，無進無退，惓惓不忘也。「瑕」、「遐」皆「胡」之借。胡，猶何也。詩箋以「遐」爲正字，訓遠。謂，訓勤。「不謂」，謂也。言雖遠在野，猶殷勤於君。「藏」，後出字，本作「臧」，訓懷、訓善字同。詩箋訓臧爲善，謂中心好君也。據毛詩序，則此及記引詩皆斷章取義，要其深愛殷勤之意則同。○檀弓云：「事君有犯而無隱。」表記云：「事君欲諫不欲陳。」義似相反而實相成。蓋有犯無隱者，事君之義，欲諫不欲陳者，愛君之心也。欲諫不欲陳，則其犯顔非不遜，而其無隱也，非訕上以爲己名矣。晏子、叔向論齊、晉公室之失政，乃無可如何而相與歎息痛恨，非有意彰君之過也。或疑孔子謂魯昭公知禮，而言衛靈公無道，孟子稱齊宣王猶足用爲善，而言梁惠王不仁。蓋孔子之於魯，孟子之於齊，臣也，故爲尊者諱。雖去而有餘望，其於衛於梁，應聘而未用，客也。故不在其國，則從春秋褒貶諸侯之正，論事是非之公。昔人云：「仲尼之徒皆忠於魯國」，蓋皆體夫子愛君之心也。

喪親章 第十八

釋曰：上言事親之道，雖兼生養喪祭，而主於事生。然事生者易，事死者難。人子不幸而遭親喪，如天崩地坼，創鉅痛深，所以自盡其心力者，一而不可復得，惟送死可以當大事，故特發喪親章以終篇。七十子之徒述夫子微言爲禮記，論喪禮最多，其語絶沈痛，皆此章之義。

子曰：「孝子之喪親也，

生事已畢，死事未見，故發此章。注疏。「章」，今本或誤作「事」。石臺本、岳本作「章」，與疏合。釋文出「死事未見」四字。

箋云：白虎通曰：「喪者，亡也，人死謂之喪，言其喪亡不可復得見也。不直言死，稱喪者何？爲孝子之心不忍言也。生者哀痛之，亦稱喪。孝經曰：『孝子之喪親也。』天子下至庶人俱言喪何？言身體髮膚俱受之父母，其痛一也。」崩薨。

哭不偯，釋文。於豈反俗作哀，非。

氣竭而息，聲不委曲。注疏。

箋云：間傳曰：「斬衰之哭，若往而不反。齊衰之哭，若往而反。大功之哭，三曲而偯。」鄭氏曰：「偯，聲餘從容也。」雜記曾申問於曾子曰：「哭父母有常聲乎？曰：『中路嬰兒失其母焉，何常聲之有。』」鄭氏曰：「言其若小兒亡母啼號，安得常聲乎？所謂哭不偯。」偯，說文作「㥯」，曰：「痛聲也。聲下或當有「餘從容」三字。方與依聲及引孝經義合，今本脱之。从心依聲。孝經曰：『哭不㥯。』」

禮無容，言不文，

禮無容，觸地無容。言不文，不爲文飾。北堂書鈔九十三居喪。案此陳禹謨本。或疑此誤以唐注爲鄭注。然於義不誤，或元疏偶未注明，今從嚴氏存之。父母之喪，不爲趨翔，唯而不對也。北堂書鈔原本九十三。釋文有下九字，嚴本節「父母之喪」四字。

箋云：問喪曰：「稽顙觸地無容，哀之至也。」喪服四制曰：「三年之喪君不言。然而曰『言不文』者，謂臣下也。」鄭氏曰：「言不文者，謂喪事辨不，所當共也。孝經說曰：『言不文者，指士民也。』」

服美不安，

去文繡，衣衰服也。釋文。

箋云：問喪曰：「夫悲哀在中，故形變於外也。痛疾在心，故口不甘味，身不安美也。」

聞樂不樂，

悲哀在心，故不樂也。注疏。釋文出「故不樂也」四字。

食旨不甘，

不嘗鹹酸而食粥。釋文。

此哀慼之情也。釋文。慼，七歷反。案「慼」，即說文「慽」字之變，今本多作「戚」，假借字。

箋云：檀弓曰：「喪禮，哀戚之至也。」

三日而食，教民無以死傷生，毀不滅性，此聖人之政也。

毀瘠羸瘦，孝子有之。文選謝希逸宋孝武宣貴妃誄注　釋文「毀瘠羸瘦」四字。

箋云：問喪曰：「親始死，雞斯，徒跣，扱上衽，交手哭，惻怛之心，痛疾之意，傷腎，乾肝，焦肺，水漿不入口，三日不舉火，故鄰里爲之糜粥以飲食之。」檀弓曰：「節哀順變也，君子念始之者也。」鄭氏曰：「始猶生也，念父母生已，不欲傷其性。」

喪不過三年，示民有終也。

三年之喪，天下達禮。注疏。不肖者企而及之，賢者俯而就之。釋文。禮記曰：「三字補。再期釋文。之喪三年也。」五字補。

箋云：禮三年問曰：「創鉅者其日久，痛甚者其愈遲。三年者，稱情立文，所以爲至痛極也。斬衰，苴杖，居倚廬，食粥，寢苫枕塊，所以爲至痛飾也。三年之喪，二十五月而畢；哀痛未盡，思慕未忘，然而服以是斷之者，豈不送死者有已，復生有節哉！凡生天地之間者，有血氣之屬必有知，有知之屬莫不知愛其類。今是大鳥獸，則失喪其群匹，越月逾時焉，則必反巡，過其故鄉，翔回焉，鳴號焉，蹢躅焉，踟躕焉，然後乃能去之；小者至於燕雀，猶有啁噍之頃焉，然後乃能去之。故有血氣之屬者，莫知於人，故人於其親也，至死不窮。將由夫患邪淫之人與？則彼朝死而夕忘之，然而從之，則是曾鳥獸之不若也，夫焉能相與群居而不亂乎？將由夫脩飾之君子與？則三年之喪，二十五月而畢，若駟之過隙，然而遂之，則是無窮也。故先王焉爲之立中制節，壹使足以成文理，則釋之矣。然則何以至期也？曰：至親以期斷。是何也？曰：天地則已易矣，四時則已變矣，其在天地之中者，莫不更始焉，以是象之也。然則何以三年也？曰：加隆焉爾也，焉使倍之，故再期也。由九月以下何也？曰：焉使弗及也。故三年以爲隆，緦小功以爲殺，期九月以爲間。上取象於天，下取法於地，中取則於人，人之所以群居和壹之理盡矣。故三年之喪，人道之至文者也，夫是之謂至隆。是百王之所同，古今之所壹也，未有知其所由來者也。孔子曰：『子生三年，然後免於父母之懷。』夫三年之喪，天下之達喪也。」喪服四制曰：「三日而食，毀不滅性，不以死傷生也。喪不過三年，告民有終也，以節制者也。」士虞禮記曰：「朞而小祥，又朞而大祥，中月而禫。」鄭氏曰：「中，猶間也。自喪之此，凡二十七月。」檀弓曰：「是月禫，徙月樂。」禮記說喪服喪禮精義，皆此章微言。其引經文，真孔門相傳古義，今引爲箋。

釋曰：此章說孝子之喪親，爲喪禮提綱。凡三節，首節言孝子居喪之禮，次節言奉喪之禮，末節深重歎息而結言之，并以結全經之義。說文：「喪，亡也。从哭从亡，會意。亡亦聲。」喪親者，親亡而哀痛之之謂。夫子言孝子之喪親也，惻怛之心，痛疾之意，若欲從之者然。其哭往而不反，氣竭而止，無委曲餘聲。其行禮也，拜賓則以頭觸地，行如匍匐，無趨翔之容。其言非喪事不言，質直而不文飾，其視平常所服之美飾，則怵惕不安。倚廬堊室之中，不欲聞人聲，如聞樂聲，則悽愴感觸，益增其哀而不樂。其於平常所食之美物，則感念親不服食，嗚咽哽塞，不知其甘。此哀戚自然之情也。由其哀戚之情，親既没矣，何以生爲。故自始死之殯，孝子勺飲不入口三日。然三日之後，禮必使之食粥，教民無以死而傷生，雖毀瘠羸瘦而不滅其性。蓋生必有死，人道之常，無如何者。而子與父母一體，子之身存，即親之心存。父母生子，欲其生，惟恐其傷，故不敢毀傷爲孝之始，此天性也。毀而傷生，是滅其性，親死而更傷其心矣。故三日而强之食，使無傷生滅性。此聖人達於天道人道之政也。由其哀戚之情，親無再生之日，則喪無可終之時。然聖人制禮，服喪不過三年，示民送死復生有終極之時。事君立身，孝道所以不匱者猶有在也。此節言孝子居喪之禮，其詳具於禮記。「哭不偯」者，「偯」，説文引孝經古文作「忞」，从心依聲。今文及禮記作「偯」，隸變从口依聲。阮氏福云：「偯、忞皆從依生義，依有抑揚委曲之義，故説文云：『依，倚也。』禮記閒傳『三曲而偯』，又雜記『童子哭不偯』，言童子遂聲直哭，不能知哭之當偯不當偯，故『哭不偯』與此經相同。又曾子曰：『中路嬰兒失其母，何常聲之有。』鄭注：『所謂哭不偯』，以此知孝子之哭親，悲痛急切，如童子嬰兒之哭，不作委曲之聲。曾子之言，即孝經之義。」唐氏云：「喪大記『始卒，主人啼，兄弟哭。』鄭君注：『若中路嬰兒失母，能勿啼乎？』蓋啼者，哀痛嗚咽之至，哭不成聲也。又人痛極則號，啼與長號，皆所謂哭不偯。讀曾子『中路嬰兒失其母』一語，痛心如刺。嗚呼，人子至此，尚忍言乎？」『禮無容』者，檀弓曰：「拜稽顙，哀戚之至隱也。稽顙，隱之甚也。」注云：「隱，痛也。稽顙者，觸地無容。」蓋悲哀在心，形變於外，孝子遭喪，哀痛迫切，賓來吊之，感激增慟，故叩顙觸地以謝之，哀之至也。又禮鄭注云：「容，謂趨翔。」曲禮曰：「父母有疾，行不翔。」況匍匐攀號之際而有趨翔乎？「言不文」者，檀弓曰：「愠，哀之變也。」孝子之心悲悶愠恚，至痛内結，不欲與人言。其有喪事不得不言者，則質直言之無文飾。雜記曰：「三年之喪，言而不語，對而不問。」喪服四制曰：「禮，斬衰之喪唯而不對。」注云：「此謂與賓客也，侑者爲之應耳」，皆其義。唯者，答其意。不對，嗚咽不能言也。「服美不安」三句，言孝子痛疾在心，求死不得，無纖毫生人之趣。其於安體悦耳悦口之具，皆痛念親之不復服、不復聞、不復食，觸物增哀，不知其可欲。如人厲疾危急、痛苦無聊之際，設有美服好音嘉殽在前，適生厭惡。論語：「夫君子之居喪，食旨不甘，聞樂不樂，居處不安，故不爲也。」問喪曰：「成壙而歸，不敢如處室，居於倚廬，哀親之在外也。寢苫枕塊，哀親之在土也。」親在外在土，人子何以爲心，而忍服美聞樂食旨乎？惟服美不安，故初喪二日去笄纚而括髮，三日既殯，服齊衰之服。檀弓曰：「袒括髮，變也。去飾，去美也。袒括髮，去飾之甚也。」雜記曰：「三年之喪如斬」，故其服稱斬衰。閒傳曰：「斬衰何以服苴？苴，惡貌也。所以首其内而見諸外也。斬衰貌若苴，齊衰貌若枲。」衰之言摧也，絰之言實也，明小子有哀摧忠實之心也。惟聞樂不樂，故大祥之日始鼓素琴，而孔子既祥五日彈琴而猶不成聲也。惟食旨不甘，故初喪三日始食粥，朝一溢米，夕一溢米。既虞，疏食水飲；既練，始食菜果也。禮者，人情而已矣，不服美，不聞樂，不食旨者，其禮也。不安，不樂，不甘者，其情也。元疏述韋氏義引書云：「成王既崩，康王冕服即位，既事畢，反喪服。據此，則天子諸侯俱定位初喪，是皆服美，故宜不安。」此非常之事，當何如惻怛震動。又曲禮云：「有疾則飲酒食肉」，是爲食旨，故宜不甘，此亦必不得已而然，皆非孝子之本情也。士喪禮曰：「三日成服杖。」鄭注云：「既殯之明日，始歠粥矣。」檀弓曰：「歠主人、主婦、室老，爲其病也，君命食之也。」教民無以死傷生，勸强之辭也。喪不過三年，不足之辭也。喪服四制曰：「始死三日不怠，三月不解，期悲哀，三年憂。」此喪之所以三年。賢者不得過，不孝者不得不及，此喪之中庸也。古者喪期無數，聖人制禮，法天地四時自然之節，至親以期斷。父子首足，夫妻牉合，昆弟四體，是爲至親。服之本意皆期，然父母生我，恩至深，痛至甚，故加隆而倍之，至二十五月而畢，入三年之限。又以孝子哀痛未盡，思慕未忘，更閒一月，至二十七月而禫，始除服即吉。是月禫，徙月乃正作樂。父母之喪皆三年，父在爲母雖期，必心喪三年。此外母服或有降屈。及爲人後者爲其父母期，心喪皆必三年。蓋衰麻哭泣，喪之文也。不飲酒，不食肉，不處内，哀之實也。子生三年，然後免於父母之懷，此君子所以不忍乎親而喪必三年，猶以先王制禮而弗敢過也。黄氏云：「子曰：『喪，與其易也，寧戚。』易則文也，戚則質也。天下之文不能勝質者，獨喪也。聖人以孝治天下，本於人所自致而致之。冬温而夏清，昏定而晨省，出必告，反必面，告面二字原倒，今正。聽無聲，視無形，不登高，不臨深，不苟訾，不苟笑，不服闇，不登危，此非有物力致飾於生也。擗踴號泣，啜水枕塊，苴杖居廬，哀至則哭，升降不繇阼階，出入不當門隧，默而不唯，唯而不對，對而不問，此非有物力致飾於死也。凡若是者，性也。性者，教之所自出也。因性立教，而後道德仁義從此出也。夫談道德仁義於孝子之前者，抑末矣。故以喪禮立教，猶萬物之反於霜雪也，帝王禮樂之所著根也。」案曾子聞之夫子曰：「人未有自致者也，必也親喪乎？」曾子讀喪禮，泣下沾襟。經解曰：「喪祭之禮，所以明臣子之恩也。」盛德記曰：「凡不孝生於不仁愛也，不仁愛生於喪祭之禮不明。喪祭之禮，所以教仁愛也。致愛故能致喪祭，春秋祭祀之不絶，致思慕之心也。夫祭祀，致饋養之道也。死且思慕饋養，況於生而存乎？故曰喪祭之禮明，則民孝矣。故有不孝之獄，則飾喪祭之禮也。」曾子曰：「人之生也，百歲之中，有疾病焉，有老幼焉，故君子思其不可復者而先施焉。親戚既没，雖欲爲孝，誰爲孝？年既耆艾，雖欲弟，誰爲弟？故孝有不及，弟有不時，其此之謂與？」故喪禮者，聖人爲中道失母之嬰兒立中制節，而即爲朝露未晞、暫依膝下者動喜懼愛日之誠。讀孝經喪親章、禮喪祭諸篇而不動心者，必無此人。後世廢棄不讀，是以人心日薄，孝道日衰，而犯上作亂之禍易起。喪服四制曰：「高宗即位而慈良於喪。當此之時，殷衰而復興，禮廢而復起。」春秋傳説魯昭公居喪不哀，在戚而有嘉容，君子是以知其不能終。天下國家之治亂，有不根於本原之厚薄者哉？

爲之棺椁衣衾而舉之；「椁」，後出字，今本作「槨」，正字。

周尸爲棺，周棺爲槨，注疏。衾爲單被，此字依疏增。可以亢尸而起也。釋文。

箋云：子思曰：「喪三日而殯，凡附於身者，必誠必信，勿之有悔焉耳矣。三月而葬，凡附於棺者，必誠必信，勿之有悔焉耳矣。」

陳其簠簋而哀戚之；

簠簋，祭器。簠，内圓外方，五字見周禮舍人疏。彼疏稱孝經注云：「内圓外方受斗二升」，直據簠而言。旅人疏亦引注「内圓外方」之文。案内圓外方專據簠，受斗二升兼簋言之。受一斗二升。方曰簠，圓曰簋。盛黍稷稻粱器，陳奠素器而不見親，故哀之也。陳本北堂書鈔八十九。此注周禮疏與書鈔所引頗齟齬。今悉心推校，故合之如此。或疑陳本多誤以唐注爲鄭注。説見前。書鈔原本殘闕，有「内圓外方曰簋」六字。「簋」或「簠」之誤。

箋云：檀弓曰：「奠以素器，以生者有哀素之心也。」

擗踊哭泣，哀以送之；

啼號竭情也。釋文。

箋云：檀弓曰：「辟踊，哀之至也。」問喪曰：「三日而斂，在床曰尸，在棺曰柩，動尸舉柩，哭踊無數。惻怛之心，痛疾之意，悲哀志懣氣盛，故袒而踊之，所以動體安心下氣也。婦人不宜袒，故發胸擊心爵踊，殷殷田田，如壞牆然，悲哀痛疾之至也，故曰：『辟踊哭泣，哀以送之。』送形而往，迎精而反也。其往送也，望望然、汲汲然如有追而弗及也；其反哭也，皇皇然若有求而弗得也。故其往送也如慕，其反也如疑。求而無所得之也，入門而弗見也，上堂又弗見也，入室又弗見也。亡矣喪矣！不可復見已矣！故哭泣辟踊，盡哀而止矣。」

卜其宅兆而安厝之；

宅，葬地，吉兆也。葬事大，故卜之，慎之至也。北堂書鈔原本九十二葬注疏引「葬事大，故卜之」二句。陳本書鈔作「宅，墓穴也。兆，塋域也」云云，全同唐注，與周禮小宗伯疏引此注以兆爲龜兆不合，恐誤。

箋云：士喪禮曰：「筮宅，冢人營之。」鄭氏曰：「宅，葬居也。兆，域也。所營之處，孝經曰：『卜其宅兆而安厝之。』」

爲之宗廟，以鬼享之；

宗，尊也。廟，貌也。親雖亡没，事之若生，爲立宫室，四時祭之，若見鬼神之容貌。詩清廟疏　元疏引舊解云：「宗，尊也。廟，貌也。言祭宗廟，見先祖之尊貌也。」與鄭大同。

箋云：問喪曰：「心悵焉愴焉，惚焉愾焉，心絶志悲而已矣。祭之宗廟，以鬼饗之，徼幸復反也。」

春秋祭祀，以時思之。

四時變易，物有成熟，將飲食之。先薦先祖，念之若生，不忘親也。北堂書鈔八十八祭禮。御覽五百二十五。

箋云：祭義曰：「霜露既降，君子履之，必有悽愴之心，非其寒之謂也。春雨露既濡，君子履之，必有怵惕之心，如將見之。」易損二：「簋應有時」。虞氏曰：「謂春秋祭祀，以時思之。」孝經虞注盡亡，易注有引孝經數事，采之以存費學。

釋曰：上言孝子居喪之禮。其奉喪也，爲之棺椁衣衾而舉尸以斂，舉柩以葬，以安體魄也。陳其簠簋祭器，朝夕、朔月、薦新，奠而哀戚呼號之，以事精神也。其斂其葬，擗踊哭泣，盡哀以送之。將葬，先卜其宅兆，得吉而後安厝之，所以奉體魄者，必誠必信，勿之有悔焉。既葬，迎精而反，爲三虞以安之，卒哭而祔於祖，終喪而遷於禰廟，爲之宗廟，以鬼禮享之。自是春秋祭祀，終身以時思之，所以事精神者，僾見愾聞，追慕無窮也。棺椁所以殯葬，白虎通喪服篇曰：「所以有棺椁何？以掩藏形惡也，不欲令孝子見其毀壞也。棺之爲言完，所以藏尸令完全也。椁之爲言廓，所以開廓闢土，令無迫棺也。」士喪禮曰：「棺入，主人不哭，升棺用軸，蓋在下。」又曰：「主人奉尸斂於棺，踊如初，乃蓋。」注云：「棺在肂中，斂尸焉，所謂殯也。」棺之制，據檀弓，天子四重，諸公三重，諸侯再重，大夫一重，士不重。喪禮又曰：「既井椁，主人西面拜工，左還椁，反位，哭。」注云：「匠人爲椁，刊治其材，以并構於門外也。」案既哭自古，則往施之壙中，俟葬而納棺於其中。槨之制，據檀弓及喪大記，天子柏槨，諸侯松槨，大夫柏，士雜木。孟子曰：「蓋上世嘗有不葬其親者，其親死，則舉而委之於壑。他日過之，狐狸食之，蠅蚋姑嘬之，其顙有泚，睨而不視。夫泚也，非爲人泚，中心達於面目。蓋歸反虆梩而掩之，掩之誠是也，則孝子仁人之掩其親，亦必有道矣。」易曰：「古之葬者，厚衣之以薪，葬之中野，後世聖人易之以棺槨。」檀弓曰：「有虞氏瓦棺，夏后氏堲周，殷人棺椁，周人牆置翣。」蓋孝子所以安固其親之形體者，因時加詳以盡其心焉。注云：「周尸爲棺，周棺爲椁」者，檀弓云：「葬也者，藏也。藏也者，欲人之弗得見也。是故衣足以飾身，棺周於衣，椁周於棺，土周於椁」，是其義。衣衾所以襲斂，元氏云：「從初死至大斂，凡三度加衣。一是襲，謂沐尸竟著衣。天子十二稱，公九稱，諸侯七稱，大夫五稱，士三稱。二是小斂，天子至士皆十九稱。三是大斂，天子百二十稱，公九十稱，諸侯七十稱，大夫五十稱，士三十稱。」案士喪禮小斂章曰：「陳衣于房，南領，西上。絞，橫三縮一。緇衾。」又曰：「商祝布絞，衾，散衣，祭服。」大斂章曰：「絞、紟、衾二。」又曰：「商祝布絞，紟，衾，衣。」注云：「紟，單被也。」蓋小斂先布絞，次衾、次衣。既衣尸，以衾裹之，以絞結之。大斂先布絞，次紟，次一衾以薦，次衣。既衣尸，又以一衾覆之，而以紟合裹之，乃以絞結之。斂衣多，必裹之以衾，又裹之以紟，而結以絞，然後妥帖，可舉尸而起。衾，被也。紟，單被也。經以衾包紟，故注以紟言之。亢，舉也。既施衣衾，舉尸而入棺。及葬，舉柩而入椁。唐氏云：「嗚呼，人子而忍其親乎？疾病而扶持之，愁慘之至矣。至此而舉之，尚忍言乎？禮記子思曰：『喪三日而殯，凡附於身者，必誠必信，勿之有悔焉耳矣。』誠信者，盡我之心思，竭我之財力，曾子所謂自致，孟子所謂當大事是也。親死則無再生之期，亦更無再死之期。嗚呼，當斯時也，敬之慎之。」「陳其簠簋」，謂朝夕哭及朔月、薦新奠。士喪禮，朔月、薦新有瓦敦，瓦簋也。大夫以上月半又殷奠，或更有簠。經舉簠簋以包籩豆等。唐氏云：「嗚呼，人子而至於哀戚其親乎。生而視膳，未必盡心，至此雖欲再進一勺水而不可得已。人子之哀戚當何如？簠簋者，非吾親所用之器也。變飲食而爲祭，變桮棬而爲簠簋，生前景象逐日更移。人子之哀戚當何如？」案大斂之後，親之形體藏矣。朝夕哭，呼號而不見其來也，奠而不見其饗也。朝奠日出，夕奠逮日，庶幾其隨陽氣而反也。朔月奠則日以遠矣，薦新奠則感彌深矣。既奠於殯宮，又饋於下室，孝子不忍一日廢其事親之禮，然何益哉，哀戚而已矣。注釋「簠簋」，諸書所引不同，如今所集合，則「簠，内圓外方」句，專説簠，受「一斗二升」句，仍兼簋合言之。竊疑賈所見注已有脱文，而書鈔原本又闕且誤。當正讀云：「簠簋，祭器，受一斗二升，内圓外方曰簠，内方外圓曰簋，盛黍稷稻粱器。」義乃明備。擗，拊心也。踊，跳躍也。哀極則拊心跳躍，且恐其鬱悶昏暈，故屢使之袒而踊，竭其哀以散其氣也。泣，聲盡而嗚咽流涕不已，所謂泣血也。哀以送之，兼小斂、大斂、殯時而主於送葬也。士喪禮，小斂主人馮尸，主人踊無筭，主人奉尸斂於棺，踊如初。既夕禮，啟殯，踊無筭，遷于祖正柩設奠，主人踊無筭。自是至葬，哭泣之哀，擗踊之多，與初喪同。檀弓曰：「喪之朝也，順死者之孝心也，其哀離其室也，故至於祖考之廟而后行。」雜記曾子説遣奠苞牲之義曰：「大饗，有司卷三牲之俎歸於賓館。父母而賓客之，所以爲哀也。」此情此境，思之猶心惕不已，況當起時，能無啼號竭情乎？唐氏説：「嗚呼，人子而忍送其親乎？禮，遷柩朝祖以後將行之奠，謂之祖奠，所謂父母而賓客之。人子當親是殁，宜呼天而痛絶矣，然猶依乎父母之形體也。至此則并生我鞠我拊我之形體而取矣，永不能相依矣。故予讀祖奠二字，且念祖奠之情，每不覺泣下之霑襟也。案祖奠，行始也。至大遣奠，則竟送親以行矣。既夕禮曰：『主人哭，踊無筭，襲，贈用製幣，拜稽顙，踊如初。』嗚呼，人子而竟用幣以送其親乎？哀莫哀於此矣。」「宅兆」，此注以爲龜兆，蓋如石祁子兆之兆，謂葬地之得吉兆者。周禮小宗伯「卜葬兆」，注訓兆爲墓塋域，士喪禮注亦訓兆爲域，引孝經爲證，義得兩通。但經宅兆二字似平列，鄭注孝經在前，注禮在後，似禮注爲定解。賈疏既云：「彼注兆爲吉兆」，又謂：「孝經注亦云：『兆，塋域』」，豈鄭於孝經爲兩解，稱或云兆塋域歟？厝，置也，字亦作「措」。士喪禮，筮宅卜日，大夫則卜宅與葬日。葬事大，慎之至，故必竭誠卜筮以求其安。唐氏云：「嗚呼，人子而至於卜親之宅乎？生前遷宅，求得父母之歡心，至此奉安體魄不能復聞父母之一言，此古人筮宅所以歸哭於殯前也。士喪禮，筮者南面受命，命曰：『哀子某爲其父某甫筮宅，度兹幽宅，兆基，無有後艱。』鄭君注：『艱難，謂有非常若崩壞也。』孝經曰：「卜其宅兆而安厝之。」』蓋古時之卜兆，非如近世惑於風水之説，特期地之驗，而又言五患當避。五患者，謂他日不爲道路，不爲城郭，不爲溝池，不爲貴勢所奪，不爲耕犂所及，蓋此五患者，皆所謂後艱。孝子當注意於此，準之古禮，如期即葬，而又藏之深，營之堅且固，庶乎得之。」案元疏引孔安國云：「恐其下有伏石涌水泉，復爲市朝之地，故卜之。」此言良是，不可一起僞而廢之。古者有故而未葬，雖出三年，子之服不變，豈有親體未安而子心能頃刻安者乎？檀弓曰：「葬日虞，弗忍一日離也。是月也，以虞易奠。卒哭曰成事，是日也，以吉祭易喪祭，明日，祔于祖父。其變而之吉祭也，比至於祔，必於是日也接，不忍一日末有所歸也。」所謂『爲之宗廟，以鬼享之』，生事畢而鬼事始矣。鬼神所在曰廟，始祭於殯宮，終遷於禰廟也。唐氏云：「嗚呼，人子而忍以鬼享其親乎？聽於無聲，視乎無形，平時色笑承之，惟恐不及，曾幾何時而爲鬼乎？問喪曰：『祭之宗廟以鬼饗之，徼幸復反也。』夫人子之心至於徼幸復反，是明知吾親體魄之不能復反，而徼幸鬼神之尚存也。是孝子不得已痛極之心也。」案問喪引此，鄭注以爲説虞之義，蓋卒哭以後諸祭皆統之，至是而始以鬼禮尊饗其親，與葬前之未異於生者異矣。此注與卿大夫章同，嚴輯兩見，今姑因之，與問喪注義得相足。「春秋祭祀」，言喪畢而祭。喪三年以爲極亡，則弗之忘矣。天時有運轉，我親無還期，感念代序，追養繼孝。既有四時正祭，又隨時薦新，思其居處，思其笑語，思其所樂，思其所嗜，事死如事生，事亡如事存。夫然故一舉足、一出言不敢忘父母，而修身慎行，不辱其先也。君子有終身之喪，忌日之謂也，椎牛而祭墓，不如雞豚逮親存也。明發不寐，有懷二人，思之至也。唐氏云：「嗚呼，人子而至於祭其親乎？親存時不能注意而忽焉，遂至於祭其親乎？祭義曰：『霜露既降，君子履之，必有悽愴之心。春，雨露既濡，君子履之，必有怵惕之心。』蓋時愈變而父母愈杳，曰悽愴，曰怵惕，思之至也。又曰：『先王之孝也，色不忘乎目，聲不絶乎耳，心志嗜欲不忘乎心。』蓋父母愈杳而想像愈益恍惚，曰不忘，曰不絶，思之更至矣。致愛致慤，是孝之精誠也。」案孝子以身存父母之精神，詩曰：「先祖是皇」，蓋子孫賢而祭祀誠，則祖考之精神因之而旺，極於德爲聖人，宗廟饗之。若孔子以布衣而享祀萬世，則祖考之精神亦與天無極矣，所謂大孝尊親也。凡爲人子讀聖人書者可不勉乎？

生事愛敬，死事哀戚，生民之本盡矣，死生之義備矣，孝子之事親終矣。」

無遺纖毫憾二字依嚴氏説補。也，尋繹天經地義，究竟人情也。行畢孝成。釋文。

箋云：陳忠曰：「孝經始於愛親，終於哀戚，上自天子，下至庶人，尊卑貴賤，其義一也。」後漢書陳寵傳子忠上書。

釋曰：此節總結全章之義，即總結全經之義，言親生事之盡其愛敬，死則事之盡其哀戚，惟愛敬之至，故震發而爲哀戚之至，如是則生人之根本盡矣，謂報本無遺憾，盡其天性也。事死事生之義備矣，謂愛敬哀戚各極其情，養生送死之道備也。生事之以禮，死葬之以禮，祭之以禮，終身弗忘弗辱，則孝子之事親終矣。曾子曰：「孝子之身終，終身也者，非終父母之身，終其身也。」此所謂孝有終始也。凡人於遭喪之初，哀痛迫切，天良感發，自痛侍奉之無狀，而思所以盡心於喪，盡心於祭葬。環顧兄弟，惻惻相憐，此時純乎天良，無毫髮不善之念以雜之，終則又始。孝之出於天性，爲至德要道，於此益明矣。此節數句，語意深重，總括全經，謂如上十八章之義，孝子之事親乃終也。注意亦極沈至，謂人行如此，乃盡其情於親，揆之天經地義而無遺憾，孝道方成也。此學者所當服膺深思也。黄氏云：「本生則末生，本盡則末盡，以愛敬而事生，天下之人皆有以事其生，則鉶羹藜糗，等於五鼎，皆有以事其死，則孺泣號跳，齊於七廟。故義者文也，本者質也，本盡則義備，質盡則文至。故聖人著其真質以示其至要，曰先王之至教所順，底於無怨者，不過若此而已。使世之王者皆繇其道以教民愛敬，感民哀戚，養生送死各致其質，則天下大治也。」案此孝經所謂爲禮之綱，六經之本也。中庸曰：「惟天下至誠，能經綸天下之大經，立天下之大本。」經綸者，文也；立本者，質也。質者，誠也。誠者，肫肫之仁也。讀喪親章而喪禮之本盡在其中矣，讀孝經全篇而六經之文盡在其中矣。文王既没，文不在兹乎？文王之所以爲文，其大本在此。自伏羲以迄周公，宣教明化，備物致用，經天緯地，撥亂反正，其大本盡在此。此孔子所以以至誠仁覆萬世也，德至矣哉！大矣哉！

事君章箋補脱文一條。

易繫辭：「無咎者善補過。」虞氏稱孔子曰：「退思補過。」義與鄭、韋同。春秋傳曰：「進思盡忠，退思補過，社稷之衛也。」屬「韋氏曰」云云夾注下。